祁有红

中国科学院研究生院　MBA 企业导师

原北京大学精细化管理研究中心　研究员

四川大学文化产业研究中心　研究员

北京博士德管理顾问有限公司　高级管理顾问

曾作为安全专家受前国家安全生产监督管理总局邀请在人民大会堂举行的"安全发展"高层论坛发表演讲。曾多次应政府机关、部队、院校、企业邀请，授课辅导，提供咨询顾问服务，广泛传播安全理念、方法和工具。自 2007 年开展培训以来，授课近两千场次，培训学员达数十万人。

出版著作主要有：《生命第一：员工安全意识手册》《安全精细化管理：世界 500 强安全管理精要》《第一管理：企业安全生产的无上法则》《有感领导：做最好的安全管理者》《第一意识：铸造安全管理的红线》。

LIFE
FIRST

员工安全
意识手册

祁有红

—

著

12周年
修订升级珍藏版

生命第一

企业管理出版社
ENTERPRISE MANAGEMENT PUBLISHING HOUSE

图书在版编目（CIP）数据

生命第一：员工安全意识手册：12 周年修订升级珍藏版 / 祁有红著 . -- 北京：企业管理出版社，2022.6

ISBN 978-7-5164-2614-2

Ⅰ . ①生… Ⅱ . ①祁… Ⅲ . ①企业安全—安全生产—安全教育—手册 Ⅳ . ① X931-62

中国版本图书馆 CIP 数据核字（2022）第 077915 号

书　　名：	生命第一：员工安全意识手册（12 周年修订升级珍藏版）
书　　号：	ISBN 978-7-5164-2614-2
作　　者：	祁有红
策　　划：	朱新月
责任编辑：	尤　颖　刘　畅
出版发行：	企业管理出版社
经　　销：	新华书店
地　　址：	北京市海淀区紫竹院南路 17 号　邮　编：100048
网　　址：	http://www.emph.cn　电子信箱：zbz159@vip.sina.com
电　　话：	编辑部（010）68487630　发行部（010）68701816
印　　刷：	河北宝昌佳彩印刷有限公司
版　　次：	2022 年 6 月第 1 版
印　　次：	2022 年 11 月第 4 次印刷
开　　本：	710mm×1000mm　1/16
印　　张：	18 印张
字　　数：	195 千字
定　　价：	49.90 元

安全意识图解

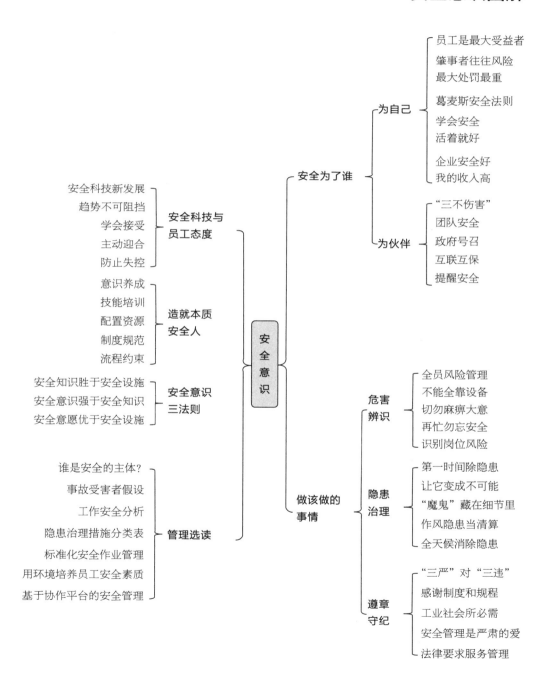

安全意识

安全为了谁
- 为自己
  - 员工是最大受益者
  - 肇事者往往风险最大处罚最重
  - 葛麦斯安全法则
  - 学会安全活着就好
  - 企业安全好我的收入高
- 为伙伴
  - "三不伤害"团队安全
  - 政府号召
  - 互联互保
  - 提醒安全

安全科技与员工态度
- 安全科技新发展
- 趋势不可阻挡
- 学会接受
- 主动迎合
- 防止失控

造就本质安全人
- 意识养成
- 技能培训
- 配置资源
- 制度规范
- 流程约束

安全意识三法则
- 安全知识胜于安全设施
- 安全意识强于安全知识
- 安全意愿优于安全设施

管理选读
- 谁是安全的主体？
- 事故受害者假设
- 工作安全分析
- 隐患治理措施分类表
- 标准化安全作业管理
- 用环境培养员工安全素质
- 基于协作平台的安全管理

做该做的事情
- 危害辨识
  - 全员风险管理
  - 不能全靠设备
  - 切勿麻痹大意
  - 再忙勿忘安全
  - 识别岗位风险
- 隐患治理
  - 第一时间除隐患
  - 让它变成不可能
  - "魔鬼"藏在细节里
  - 作风隐患当清算
  - 全天候消除隐患
- 遵章守纪
  - "三严"对"三违"
  - 感谢制度和规程
  - 工业社会所必需
  - 安全管理是严肃的爱
  - 法律要求服务管理

生命至上　安全第一

"12"，在中国人生肖纪年里是一个轮回，在古希腊则意味着永恒。

原书出版 12 年了。12 年里，很多事物已经改变，却有很多依然没有变。

企业界人士给予的认可让我看到了全社会对实现安全生产的强烈渴望。华北石油局请播音员录制原书的音频，到各基层单位播放；邀请我到该局讲课，培训时正好遇上中国石化集团公司（以下简称中石化）总部来人宣布领导班子变动，局领导不能参加培训，过后又邀请我专门为局党委中心学习组补课。日照钢铁控股集团有限公司（以下简称日照钢铁）邀请我讲课，急需原书作为配套教材，因市场脱销，从书店和出版社一时之间都买不到足够的数量，日照钢铁征得出版社和我本人同意后打印原书的部分章节使用。保持多年世界最高大坝荣誉的锦屏一级水电站近 3 年来每年都要请我去做培训，每次的主题都是员工的安全意识。每次两天，每次讲课内容不重复，我也深感压力。已经不重复地讲了 3 次总共 6 天，电厂领导说："我们就是要榨干你脑袋里的资源。"

企业界的厚爱让我惶恐之余，也成为我坚持推广安全生产的巨大动力。

2022 年 3 月 21 日，一架 B737-800NG 客机坠毁，中国民航保持了 12 年的安全记录被终结。12 年，一切又回到了起点。这也促使我思考原书出版 12 年后企业安全生产方面的变化，尽管《生命第一》《第一管理》《有感领导》等都成了畅销书，直接培训学员也累积达到数十万，我甚至被业界戏称为"祁安全"，但我仍然感觉力量微弱。虽然很多企业安全管理水平与设备的本质安全程度有很大提升，但是员工的安全意识普遍不能让人乐观：有法不依，有章不循，有令不行，有禁不止；直接表现是"三违"——违章指挥，违规作业，违反劳动纪律；"三违"面前有"三高"——领导干部高高在上、基层员工高枕无忧、规章制度束之高阁；结果只能是从麻痹大意、盲目侥幸，到麻木不仁、司空见惯，最后麻烦不断、空留遗憾。

12 年前的这些情境，在很多企业一再重演。12 年一个轮回，保持员工良好的安全意识，是过去 12 年，未来 12 年，以至更多的 12 年都需要持续做并且要做好的工作。

原书出版届满 12 年之际，著名图书出版人、企业管理出版社华阅分社社长朱新月，感受到企业界对于安全意识图书的强烈需求，要求我对书稿进行更新再版。于是，我欣然受命，做了三方面的改动：一是体现社会发展、技术进步、经济转型对安全生产的影响，特别是增补了新的事故案例；二是反映政策监管带来的变化，特别是涉及《安全生产法》等各类法规的最新规定；三是补充本人对于企业员工安全意识新的观察与思考，并站在员工的角度表达出来，力求让广大读者能看、愿看，入脑入心。

　　本书是 12 周年修订升级珍藏版，且增补了相当于原书约五分之一的篇幅，是出版者的愿望，更是对企业界需求的回应。如确能被读者珍藏，与岁月相伴，时时拿出来翻看，在工作和生活中体现价值，护佑一世平安，将是我及读者家人的共同心愿。

安全意识是一项硬指标

近年来，我走过近百家企业，为他们提供培训、咨询服务，曾经和很多企业领导、安全管理同行一起讨论安全问题，企业各岗位从业人员的安全意识是普遍关注的话题。然而，在我翻看各类安全工作计划、工作总结时，却发现企业界对执行安全制度强调的很多，而对如何提升安全意识本身涉及的很少。

究其原因，企业里各层级管理者普遍把安全意识当作软指标，真正付诸行动的比较少。

企业安全生产最薄弱的环节是什么？

统计显示，98% 的事故是人为引起的。而根据有关部门针对大中型企业近 3 年来发生的事故所作的另一项统计显示，人为因素中，安全意识薄弱占到 90% 多，而安全技术水平所占比例不到 10%。再回过头来看看企业界的安全培训，90% 的精力用在占 10% 比重的安全技术水平上，只有不到 10% 的精力用在占 90% 比重的安全意识上。90% 和 10% 的倒挂说明什么？说明员工安全意识差越来越成为制约企业安全生产的瓶颈。

安全意识不强，必将酿成安全事故，这是谁都不能否认的事实。

员工安全意识薄弱，首先弱在没有建立"安全第一"的意识。"安全第一"是世界通行的公理，2004 年的时候，我曾写作出版《第一管理》一书，向企业各级管理者阐述"安全第一"的公理。"安全第一"公理应该成为全体员工的共识，但却弱在"预防为主"的意识没有落实。"安全第一"意识的体现就是"预防为主"，不能等到大难临头再去考虑"安全第一"。其次弱在主体安全意识淡薄。人们之所以做不到"安全第一"，之所以没有"预防为主"，根源在于主动性不够，在于不知道"安全究竟为了谁"。如果人人都把安全当作别人的事，不把自己作为安全的主体，没有了主动性，员工安全意识的普遍薄弱也就在情理之中了。

安全工作依赖于物质和精神两个方面，物质主要是安全设施，精神主要是安全意识。广义的安全意识包括有关安全的意愿、意识、知识等。关于如何提升员工的安全意识，必须遵守安全实践中的以下三大法则。

法则一：安全知识胜于安全设施

什么是安全知识？就是人们面对风险时，知道该怎么做，包括安全规程、安全制度、安全常识等。国务院应急管理专家组调查，我国 46％的民众对突发事件的应急措施了解十分有限，27％的人甚至根本不了解。我国国民消防安全素质抽样调查显示，将近 50％的民众在火灾发生时不懂得如何逃生自救，52％的人甚至不认识消防安全标志。有些人不知道旋转的部件不能碰，高压容器可能会爆炸，这就是不具备安全知识。

　　每个员工都要明白，只要是合法经营的企业，就是在政府监管之下且具备基本安全设施的。员工的注意力应该放在知识储备上，用安全知识武装头脑，平时知道如何操作，出现紧急情况时会采取紧急措施，这要比设备的安全性能更重要。

法则二：安全意识强于安全知识

　　我有一位中科院的朋友准备买车，也许是他长期从事数理分析的缘故，在日系汽车被大批量召回以后，他收集了一大堆欧美和日本汽车安全性能检测指标的数据，来征求我的专业意见。我的回答让他大吃一惊："这些数据完全没有意义！"

　　他瞪大眼睛看着我说："难道人命关天的安全不重要？！"

　　我告诉他："正规厂家生产销售的汽车，都是经过国家检验且达到基本安全标准的。美国早就出过一本书，叫《任何速度都不安全》，可以说任何车辆都不安全。你调查一下，全国有多少人不系安全带？有多少人喝了酒还开车（**本书第一版出版后酒驾入刑，仍不断有人以身犯险**）？又有多少人见前面没有车，于是不管三七二十一就踩油门？太多了！如果你也是其中的一个，那么，有多少气囊管用？什么样的安全配置够你'消费'？"

　　这就是安全意识问题。狭义的安全意识指的是在人们的思想意识中对于安全的认识，包括安全价值观、安全警惕性等。工作中的"三违"是指"违章指挥，违章操作，违反劳动纪律"。绝大多数人不是不知道规章，而是有意无意地违章，这就属于安全意识淡薄。在生活中，闯红灯的人和不走天桥的人，不是不知道红绿灯的含义，不是不知道天桥的用途，这也属于安全意识问题。

没有安全知识，员工就会稀里糊涂受伤害；没有安全意识，事故就会不请自来。安全知识重要，安全意识更重要。当员工有了安全意识，就会主动学习安全知识，才会有安全保障。

法则三：安全意愿优于安全意识

所谓安全意愿，是指员工履行安全生产职责和实现安全绩效的意志和愿望。安全意识往往停留在思想上，而安全意愿不仅是在思想上，同时还在情感上主动地去追求。一个不具备安全生产意愿的员工一定不具备主动履行职责的行为。只有在强烈的安全生产意愿的驱动下，员工才能自觉地履行安全职责。

关于这个问题，中外企业在安全管理上的认识是一致的。企业提出"责任重于泰山"，就是希望员工树立责任意识，进而靠责任意识促进安全意识的树立。西方企业的安全培训，首先是安全意识培训，其次才是安全技能培训，而培养雇员与管理层的合作态度又被放在安全意识教育之前，靠培养雇员的合作态度来逐渐培养其安全意识。

安全意愿是安全意识的前提和基础。

企业的安全管理要从员工的安全意愿入手，用意愿强化意识，用意识保证安全。

那么，如何培养员工的安全意愿就成了问题的核心。

人的安全素质分为三个层次：安全知识是基本层次，安全意识是深层次，安全意愿是核心层次。要让员工形成强烈的安全意愿，企业管理者就需要从情感角度入手，有了情感依托，才会有态度的转变。从这些年考察过的企业来看，我发现搞清楚"安全为了谁"，是解决安全问题的一把"金钥匙"。

1. 员工知道"安全为了谁"，才能从"要我安全"变成"我要安全"

很多企业和单位，安全制度没少定，安全教育没少做，安全管理没少抓，为什么落实不下去，执行力不强？究其原因，员工觉得这些都是外界强加给自己的，只是被动地接受安全防范的知识和意识，正所谓"要我安全"。

明白"安全为了谁"，员工才能理解管理层的良苦用心，才会清楚为什么要那样做；一项项安全制度才能提供有效的保护；一次次安全教育，才能当成善意的提醒；安全教育才能入脑入心，安全意识才能扎根，正所谓"我要安全"。

2. 员工知道"安全为了谁"，才能警钟长鸣，紧绷安全弦

现实生活中，很多人不是没有安全意识，而是不能长期保持安全意识，很多事故往往就发生在一时的疏忽上。究其原因，要么不觉得安全重要，要么长时间的生产安全出现"安全意识疲劳"。

明白"安全为了谁"，人们就不会忽视安全的重要。明白"安全为了谁"，员工才可以战胜单调、枯燥和紧张，消除麻痹等意识，克服"安全意识疲劳"，保持安全警惕性。

3. 员工知道"安全为了谁"，才能让安全成为一种习惯

"习惯决定性格，性格决定命运"，人生成败在于习惯，安全与否也在于习惯。

习惯性违章，违章成为习惯，习惯会让人抱憾终生。

安全也可以成为习惯。只要人们明白"安全为了谁"，就可以保证"第一次就做对"。当员工心中有了安全意愿，第二次做对就不存在问题。正确的一再重复，就会形成习惯。安全的习惯，会让人终身受益。

明白"安全为了谁"，是"安全意识之母"，是"安全工作之魂"。

Contents | **目录**

中篇 │ 做该做的事

番外篇

上篇

安全为了谁

LIFE FIRST

01

第一章
有多少生命可以重来
——为自己

第一节
谁是安全的最大受益者？——首要问题

有一场考试，要考满分才算合格。有这么严格吗？有。这是我在中国南方电网有限责任公司（以下简称南方电网）了解到的。

南方电网下属云南电网有限责任公司（以下简称云南电网）对员工进行安全工作规程闭卷考试，试卷满分为 100 分，参考人员的考试成绩必须达到 100 分才为合格，缺一分都不行。考试成绩不合格者重新进行教育培训，重新考试，直到合格为止。

虽然我没能现场观摩云南电网的安全规程考试，但是我曾先后受到南方电网下属 7 家单位的邀请，前往授课。在云南电网兄弟单位那里对其"安全规程考试满分才算合格"的做法早有耳闻。我不止在一个地方听到对南方电网的安全规程考试的议论，有人支持，有人反对。有人说，一场考试，只要写错一个字、漏写一个知识点就算白考了，这也太严厉了，很难推行下去。

　　然而，据我在写作本书时的了解，云南电网的做法并非头脑一热，他们已经坚持了数年，并且仍在坚持。"安全规程考试满分才算合格"的做法之所以能够推行下去，是因为云南电网开展了深入且细致的内部沟通工作，在沟通中提出了让员工深思的问题：安全工作规程考试满分才算合格，公司的初衷是什么？谁是最大的受益者？

　　这说明，企业的安全管理措施不怕严厉，怕的是员工稀里糊涂，不知道谁是安全的最大受益者。

　　问题是，安全有无受益者？这似乎是个不是问题的问题。安全能没有受益者吗？可是，在企业界的一次安全讨论会上，有位仁兄愤慨地说："看看当前很多企业的现状，发现谁都没有把自己作为受益者。"

　　他的话引起了当时在座的很多安全工作者的共鸣。大家你一言我一语地说着中国企业安全生产现状。

　　一些企业领导不把自己当作受益者，对安全是"说起来重要，做起来次要，忙起来不要"，把安全部门的位次靠后排，把安全人员的待遇往后放，只要结果不管过程等，不一而足。

　　一些企业的员工更不把自己当作安全的受益者，对安全似乎是"事不关己，高高挂起"，图轻松，走捷径，操作风险不考虑，安全规程抛脑后，这样的案例不胜枚举。

　　没有人当自己是企业安全的受益者的时候，企业的安全管理就成了负担，有人管就做，没人管就不做。

　　我很奇怪，企业的安全难道没有受益者？座谈会上，我提出我的疑问：员工安全了，自己、家人、亲朋好友，不就是受益者吗？企业不出事故，经济上就不会蒙受损失，企业难道不是受益者吗？所有的企业不出安全事故，人民安居乐业，地方经济稳定，社区、政府不就是受益者吗？企业做安全工作时必须知道，企业安全会让谁受益，谁又是最大的受益者。

一、不可否认，搞好安全工作，企业会受益

很多企业之所以处理不好安全和效益的关系，就在于认不清"安全也是效益"。不过仅仅从眼前的表象来看，企业的安全工作仿佛仅仅是一份投入，不出事故就永远不知道这笔钱投入得值不值。

安全环保管理中，"影子效益"的概念逐渐为人们所接受，它说的是只有在出事故时才能知道事故的直接损失、间接损失以及商誉影响有多大，这些避免了的损失就是"影子效益"。事故经济损失占企业成本的比例，各工业国中最低的为 3%，最高的达到 8% 以上，甚至超过很多行业的平均利润率。英国健康与安全执行局（HSE）的研究报告显示，工厂伤害、职业病和非伤害性意外事故所造成的损失，约占英国企业获利的 5%～10%。美国国家安全委员会（NSC）的一项调查表明，企业在安全管理上每 1 美元的投资，平均可减少 8.5 美元的事故成本[①]。

现实生活中，忽视"影子效益"所造成的教训对一些企业来说是惨痛的。

---

① 祁有红：《第一管理：安全生产的无上法则》，北京，北京出版社，2009 年 6 月。

我在无锡靖江遇到一位餐厅"打工仔",当有人叫他"姚老板"时,他赶忙摆手说:"千万不要叫我姚老板,我早就不是老板了。"原来,他曾是一家生产配件的工厂的老板,产品销路不愁。一个工人在锻造模具时四个手指被压断,一场事故使"姚老板"的企业破产了。为了还债,曾为老板的他只好到餐馆打工挣钱。说起过去,他深有感触:"安全生产是企业的命。"

二、应当承认,企业做好安全工作,员工会受益

"千斤重担众人挑,人人肩上扛指标",这是一般企业的常规做法。我曾经在我的书中论述这一说法不准确,因为在企业里人员是流动的,承担指标的只能是岗位。经济指标经过层层分解,最后分解到岗位,岗位上的员工就要努力去完成各自的经济指标。安全指标不同于一般的经济指标,它是另外一回事。千人死亡率、千人重伤率,这些企业担负的安全指标分到岗位怎么分?没法分。

千人死亡率、千人重伤率等属于结果指标,安全上还有很多过程指标。按常理说,岗位上没法分这类结果指标,但可以分解过程控制指标,而一般企业的安全管理还没有进展到这一步,所以,很多岗位员工就觉得"肩上没指标,压力轻飘飘"。这是员工不觉得自己是安全受益者的一个重要原因。

很多岗位员工忽视了安全的内涵:无危则安,无损则全。做好安全工作,对个人是生命的平安,对企业是财产的保全。财产可以是企业的,生命却是员工自己的。保住安全,也就保住了生命健康,员工不就是受益者吗?没有谁傻到连自己的生命健康权益都不要吧?

所以才有这样的说法：安全培训是员工最大的福利，安全管理是对员工最好的关怀。

政府考核生产建设人员伤亡的指标一直在不断变化。

千人死亡率是生产力水平落后情况下的统计数字，也是上级部门对企业安全生产的粗放要求。万人死亡率曾在很长时期内是对建筑业的考核要求。

进入 21 世纪，《国务院关于进一步加强安全生产工作的决定》设立死亡指标。

下达死亡指标一度被社会所误解，国家安全生产主管部门不得不出面解释。

其实，把"安全第一"公理数据化，正是现在发达国家通行的做法。政策制定的依据正是包括从业人员在内的所有人员基于自身利益达成的共识，即"社会容许下"指标，如图 1-1 所示。

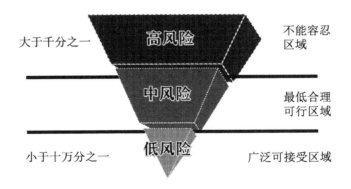

图 1-1　"社会容许下"指标

注：西方社会把年千分之一的死亡率作为不可容忍的高风险区域，把年十万分之一的死亡率作为广泛可接受的区域。

社会不容忍年千分之一的死亡率，企业不能触及这样的红线，必须努力将年死亡率控制在十万分之一。

当然，企业也可以作为参照，按照十万分之一的标准来推断出本企业、本班组社会容许出现多少伤亡指标？每个岗位的员工又容许出现多少？

第三，做好企业的安全工作，员工不但受益，而且是最大的受益者

搞好企业的安全工作，企业和员工都受益。那么，谁是最大的受益者？

借用事故可以看出"影子效益"，也可以借用事故来比较企业和员工的损失、收益。如果发生了一起事故造成1人死亡，对企业的损失有多大？这也许仅仅是一般事故，连"重大"都说不上，更不要说是"特大"了。而对死亡员工本人的损失，对家庭的损失，不但"重大"，而且绝对是"特大"，甚至大到无法用语言来形容。企业失去一个员工，承受经济损失之外，也许会很快找到人来顶替位置。而对于死亡员工本人、家庭，则是永远的失去，永远无法弥补。所以，员工是企业安全工作的最大受益者。

员工要时刻谨记安全就是效益，安全就是福利，安全就是幸福，安全就是一切。安全的最大受益者是员工自己！

测验与思考

词语解释：

影子效益

简答题：

1. 请用数据说明，安全对于企业效益的影响。

2. 员工为什么容易忽略自己是安全受益者？

思考题：

搞好安全，企业和员工都受益。那么，谁是最大的受益者？

第二节

丢脸和丢命，谁的损失大？——王成太现象

我曾作为中国石油管道局工程有限公司（以下简称中油管道）外聘的咨询顾问为其提供安全管理服务。我在参加某分公司组织的安全活动时，提出了一个"丢脸和丢命"的问题。中油管道作为一个国有大型企业，在我所去过的企业里很有代表性。我把这个问题拿出来，与各位读者共同探讨。

所谓丢脸与丢命的问题，其实是从事故的代价角度提出来的。

事故造成的损失如果算成本账，包含直接成本、间接成本和商誉损失。对个人来讲更多的是来自与身份相关的损失，比如事故中有人会受伤，有人会送命，除此之外，事故后的处理也会让与事故有关的人付出代价。《安全生产法》是安全生产方面最重要的一部法律，它对事故责任人的处罚是严厉的，提到"追究刑事责任"的条文在第一次修订时就有 11 条，到 2021 年第三次修订时增加到 17 条。另外与安全生产关系密切的法律，比如《矿山安全法》

《消防法》《道路交通安全法》中，也有诸如吊销执照、拘留，直至判刑的处罚。

2015 年 8 月 12 日，位于天津市滨海新区天津港的瑞海公司危险品仓库发生火灾爆炸事故，造成 165 人遇难、8 人失踪、798 人受伤，304 幢建筑物、12428 辆商品汽车、7533 个集装箱受损。2016 年 11 月 7 日至 9 日，天津港 "8·12" 瑞海公司危险品仓库特别重大火灾爆炸事故系列案件陆续在天津第二中级人民法院和滨海新区法院等 9 家基层法院开庭审理并做出一审判决，49 名被告人被判处死缓到一年六个月不等的刑罚。

2019 年 3 月 21 日 14 时 48 分，位于江苏省盐城市响水县生态化工园区的天嘉宜化工有限公司发生特别重大爆炸事故，造成 78 人死亡、76 人重伤、640 人住院治疗，直接经济损失 19.86 亿元，这起事故涉及 22 起刑事案件。2020 年 11 月 30 日，江苏省盐城市中级人民法院和所辖响水、射阳、滨海等 7 个基层人民法院进行一审公开宣判，被判处刑罚的人数较 4 年前的 "8·12" 爆炸案更多，达到 53 人。这也从侧面说明，安全生产的监管越来越严厉。

法律无情，在法律面前，没有干部和工人的区别。在企业里有管理者和被管理者两种角色，很多人，尤其是基层员工是站在被管理者的角度看问题，出于有针对性的考虑，我就把事故代价问题分成两部分谈。

一、企业出了事故，领导一般会丢脸

企业出了事故，领导要受的处罚分为以下 4 个层次。

1. 做检查

从政府管理层级上说，不少省级政府都有向国务院做检查的经历，比如河北省政府就唐山市"12·7"特别重大瓦斯煤尘爆炸事故做检查，山西省政府就襄汾县"9·8"特别重大尾矿库溃坝事故做检查，湖南省政府就堤溪沱江大桥"8·13"特别重大坍塌事故做检查，内蒙古自治区政府就骆驼山煤矿"3·1"特别重大透水事故做检查，山西省政府就王家岭矿"3·28"特别重大透水事故做检查……随后，特大事故发生地政府做检查实现制度化。国务院 2012 年 7 月起要求，对于一年内发生一次死亡 30 人以上特别重大道路交通事故或者发生三起一次死亡 10 人以上重大道路交通事故的，省政府按规定要及时向国务院做出书面检查。近 10 年来，发生特大生产安全或交通安全事故的省份，省政府均被责令做出深刻检查，无一例外。这里，我没有举企业的例子，企业的情况虽然千差万别，但出了事故，按照"四不放过"原则，无论什么形式，单位领导不向上级做检讨是说不过去的。

2. 掏腰包

先是国务院颁布《生产安全事故报告和调查处理条例》，对事故发生单位主要负责人个人进行罚款，根据过错程度的不同，罚款数额也不同：按一般、较大、重大、特别重大等事故级别，分别处以上一年年收入 30%、40%、60%、80% 的罚款。《安全生产法》修订时，这一罚款标准写进了法律。2021 年 6 月,《安全生产法》再次修订时，罚款标准全部提高一个档次，对于发生特别重大事故的，上一年年收入的 100% 全部罚没。

3. 行政处分

一般来说，出了事故，领导会被责令做检查、罚款，如果是上级行政机关做出的决定，也是行政处分。但因为做检查、罚款容易被人忽略，企业就把它们单列。除此之外，行政处罚还包括降级、降职、责令引咎辞职、撤职等处分。

4. 刑事处罚

刑事处罚主要是判刑。在安全管理中，领导因为事故受到刑事处罚有两个前提，要么发生的事故情节特别严重，要么领导有明显的过错。并不是什么事故都会把领导判刑的，他们往往不是直接责任者。

无论是哪一个层次的处罚，领导的名誉肯定是受到影响的。这就是，出事故，领导会丢脸。

二、企业出了事故，操作者可能会丢命

和领导相比，操作者就在事故现场，会受到直接的伤害。事故不是笼统的概念，企业可以拿着放大镜来看事故，根据国家标准[①]，有 20 类事故会对现场人员造成直接的伤害，分别是：物体打击、车辆伤害、机械伤害、起重伤害、触电、淹溺、灼烫、火灾、高处坠

---

① 《企业职工伤亡事故分类标准》，中华人民共和国国家标准 UDC658.382，GB6441—86。

落、坍塌、冒顶片帮、透水、放炮、火药爆炸、瓦斯爆炸、锅炉爆炸、容器爆炸、其他爆炸、中毒与窒息和其他伤害。

你我都是血肉之躯,不是钢筋铁骨。

20 类事故会对员工造成数十种伤害:电伤、挫伤、轧伤、压伤、倒塌压埋伤、辐射损伤、割伤、擦伤、刺伤、骨折、化学性灼伤、撕脱伤、扭伤、切断伤、冻伤、烧伤、烫伤、冲击伤、生物致伤、中毒等。

再好的身体也经不住如此打击,伤残可不是好受的,搞不好命都丢了。这些年,国家把生命安全提到了从未有的高度,各方齐抓共管取得了显著的成绩,从最新公布的数字来看,每年发生生产事故数和死亡人数虽然大幅下降,但是仍以万为单位,加上交通事故等各类事故造成的死亡人数,包括当场死亡、事故发生一周内死亡,每年合计十万人左右。

三、事故的受害者往往又是事故的责任者

在事故处罚中有个"王成太现象"。

王成太是洛阳"12·25"火灾的肇事者。在 23 名责任者中,王成太被判得最重——有期徒刑 13 年。

有舆论为王成太叫屈,认为王成太有罪,但不至罪不可赦。王成太是无证上岗的焊工。非法用工是无证上岗的前提,没有非法用工,就没有无证上岗。

有人呼吁雇佣无证上岗者应该比王成太罪行严重,应该重判。

但法律终归是法律，法律规定直接责任人担负的责任大于领导责任者。

事故的受害者往往又是事故的责任者，甚至是最大责任者，受到法律的处罚最重，这就是"王成太现象"。对于交通安全，全国人大常委会于 2011 年、2015 年、2020 年通过刑法修正案（八）（九）（十一），对造成交通事故的行为人加大打击力度；对于生产安全，全国人大常委会于 2006 年、2020 年通过刑法修正案（六）（十一），增补 6 条多款法律规定，加大对于生产事故责任行为人的刑事处罚力度。

通过上面的分析论述，企业发现，出了事故，领导会丢脸，员工可能会丢命。

人没有高低贵贱之分，但有分工不同，有离事故现场距离远近的不同，有始作俑者和一般责任人的不同。

可有些人就是不明白这个道理。有人认为领导对安全管理严是给自己找难堪，于是有意跟领导对着干，领导说朝东，他偏朝西，有意跟领导过不去。

丢脸和丢命，谁的损失大？

算好了这笔账，再看到安监人员走过来，就不会觉得是来找碴儿。领导在与不在，也应该知道怎么做。

测验与思考

词语解释：

"王成太现象"

简答题：

1. 国家标准中 20 类事故指的是哪些事故？

2. 事故中会对员工造成哪些伤害？

思考题：

请谈谈对"丢脸和丢命"问题的认识。

第三节

你的平安，是对家人最好的爱——葛麦斯安全法则

在阿根廷著名的旅游景点卡特德拉尔，有段蜿蜒的山间公路，其中有 3 公里路段弯道多达 12 处，经常发生交通事故，人们都称这段道路为"死亡弯道"。这段路从 1994 年通车到 2004 年，共发生了 320 起交通事故，致 106 人丧生。交通部门在该段路入口处竖立了提示牌："前方多弯道，请减速行驶"，没起作用；于是将提示语改成触目惊心的文字："这是世界第一的事故段""这里离医院很远"，事故依然高发。

就在人们一筹莫展时，老司机葛麦斯公布的"独家安全秘籍"给公路管理当局以新的启示。

葛麦斯驾车 43 载，从未发生过交通事故，甚至连一次违章纪录都没有，因此在他退休前，交通部决定颁发一枚"优秀模范驾驶奖章"给他。

颁奖当天，记者问葛麦斯："要如何才能做到像你这样平安驾车呢？"

葛麦斯回答道："其实开车时，我都有家人陪着啊！不过乘客看不到我的家人，因为家人都在我的心里。"

记者不解，葛麦斯笑着说："想想你的妻子正等着你吃晚餐；你还要陪孩子上学；年迈的父母正是需要你照顾的时候……你就会小心驾驶。"

原来，葛麦斯的秘诀，就是时时刻刻把对家人的爱放在心中。

隐去管理者的身影，让亲人取而代之，去唤醒操作者的安全意识，这就是著名的"葛麦斯安全法则"。

当局随即将"死亡弯道"提示牌内容更换成："家人在家等你吃饭，请不要让他们失望""安全驾驶，不要让白发苍苍的父母为你伤心""您的平安是对家人最好的爱"，结果该路段的交通事故率大幅度下降，2005年只发生6起交通事故，而2006年和2007年一起也没有发生。

安全管理是严肃的爱，也可以说爱是最有效的安全管理。"葛麦斯安全法则"就是把爱体现到安全管理中。

西北一家与我们有着长期合作的企业邀请我去参加他们的活动，正赶上安全生产月，我的时间周转不开不能前去，于是建议他们开展一项为事故受害家庭服务的活动。一周后，主管安全的副总来电话告知我，当企业员工看到事故受害家庭儿童孤独的眼神、老人哀伤的表情和伤亡员工爱人无助的身影，很多人深感震撼，自发地在内部网社区上留下了感慨之言。公司已经决定将这项活动经常化。

　　每个人都离不开爱。爱和被爱是生活的全部。家人的关爱是最普遍的形式。然而，家人的爱，在突如其来的变故中会显得无比脆弱。在和平的环境中，除了疾病，事故是造成不幸的罪魁祸首。

　　各位朋友，你是带着爱来到工作岗位的，千万不要忘了你的家人。

一、莫忘子女的祝福

　　很多企业开展了"小手拉大手"的活动，让孩子向长辈表达自己对安全的感受。

　　有位女儿谈起母亲："每当看到同龄人幸福的笑脸，每当看到别人妈妈带着孩子玩耍，每当我在生活中遇到困难，我就想，如果那次事故没有发生就好了。如果没有那次事故，我妈妈就不会失去右臂，就不会失去左手，我的家庭就不会这么痛苦；如果没有那次事故，我就能像从前一样在妈妈温暖的怀抱里撒娇，可现在什么都不能了，妈妈已经被那次事故夺去了健康、美丽以及生活自理能力……"

　　有位母亲谈起女儿："记得有一次我接到紧急通知需要马上去施工现场，我丢下年幼的女儿，匆忙赶去。当我从施工现场回来时发现女儿满脸泪痕，焦急地站在路口，两只小手费力地抱着一顶对她来说显得有些巨大的安全帽。女儿一看见我就'哇'的一声大哭起来，跑过来紧紧地搂住我说：'妈妈，现场那么危险，妈妈没有戴安全帽，我怕砸到妈妈，我不想没有妈妈，不想做个没有妈妈的孩子！'看着女儿被风吹花了的小脸，我既心疼又懊悔地把女儿搂在怀里，眼泪情不自禁地流下来……"

这是一名中学生写给她爸爸的信："亲爱的爸爸你知道吗？每当夜深人静时，我就会想起从前那个温暖幸福的家，你常用有力的臂膀把我高高地举起，妈妈呵护的目光中透着笑意，爷爷奶奶笑声朗朗……可是这一切都因您的一次违章作业化为乌有。当您工亡的噩耗传来，奶奶急得昏了过去，一连几天不能下床，妈妈双眼哭肿，每天只是望着您的照片傻傻地发呆。爸爸我是多么爱您，可我又怎能不怨恨您呢？您可知道这几年女儿是怎样度过的？在学校我怕写关于'家'的作文，别的同学都会写'我有一个幸福的家，家中有爸爸、妈妈……'可我呢？您的违章作业留给我的是一个破碎凄苦的家。走在街上，我怕看到同学的爸爸；回到家里，我怕看到爷爷、奶奶那苍苍白发，怕看见妈妈红肿的双眼；晚上，我怕睡觉，怕在睡梦中被妈妈的哭声惊醒。爸爸，女儿好怕呀！这些您知道吗？学校开家长会，望着同学们拉着他们爸爸的手，又蹦又跳地走进教室，我好羡慕啊！我独自来到校门口，等啊，盼啊，盼着爸爸您能从天而降，可是盼来的是两鬓斑白，腿脚不灵，却还要支撑着为孙女开家长会的爷爷……"

二、莫忘爱人的心愿

"安全枕边风"常吹，是爱人的心愿。若是将"枕边风"当成"耳旁风"，员工进入工作现场，将爱人安全的叮咛抛之脑后，留给爱人的也许就会是永远的痛。

中国历史上遇难人数第四多的煤矿事故发生在情人节。214 个可怜的女人，在 2005 年 2 月 14 日情人节的这一天，因为辽宁阜新孙家湾煤矿的瓦斯爆炸事故，没有等来鲜艳的玫瑰，却等来了 214 份死亡的噩耗。情人节是情人欢聚的日子，却成永诀，变成了"情人劫"，成了情人之间黑色的纪念。

多年后我到辽宁时，说起这些，人们仍然不住地唏嘘感叹。

很多企业建立了家庭协管队伍，员工的爱人在家里构筑起了"坚实的长城"。员工们得接受家庭协管员的管理，就像在单位接受领导的管理一样。

外企也重视家庭协管员的作用。美国伊士曼柯达公司（**以下简称柯达**）全球副总裁叶莺这样阐述家庭妇女和安全生产的关系："请大家注意'安全'两个字，'安'字是'家'字的宝盖头下有'女'，'全'字可分为'人'和'王'；那么，合起来说就是'家中有女人为王，家里必定安全'！"

"什么是安全？安全就是管理、制度、纪律，安全是一种观念、一种文化、一种行为、一种习惯。"同样作为女人的叶莺，列出中国女人的特点：谨慎、节俭、敏锐、周到、顾大局、传统、温柔、细致、耐心、整洁、爱美、克己。她认为，这些特点与安全生产都有关系，比如，人、机、物、环境和谐是安全的最高境界，女人在爱美、爱整洁的过程中，就会不自觉地消除某些隐患，这也与安全原则相一致！再比如，安全生产要求关注操作中的每一个细节，不能粗心大意，而女人细致、细心的特点恰恰符合了这个要求，女人的啰唆不是坏事，她是在提醒你注意安全！

切记，要把爱人、恋人的唠叨，当作对自己最真挚的爱。

三、莫忘父母的期盼

从小到大，每次出门，父母叮嘱最多的是什么？

注意安全！

蹒跚学步时，为了你的安全，父母的左右呵护；外出求学时，父母在心中把你守候；参加工作时，父母的期盼一直陪伴着你，不离半步。

有一家晚报评选最佳读者，最后一位老妇人当选。原来，她的儿子每天下班后很晚才会回来。为了等儿子，她在十几年里，每天靠翻看晚报稳住自己忐忑的心，即使广告也不放过。

可怜天下父母心。

你可知道，父母的心始终为你悬着，家里的大门永远向你敞开，家里的灯火永远为你点亮。记得吗？父母多少次望眼欲穿，盼望你回家的身影，多少次侧耳倾听你回家的脚步声，多少次饭菜热了又凉、凉了又热。

多年前，我的邻居是一对老人，老两口每天都在子女下班必经的路上等候。为了不让子女知道自己的这份担心，他们躲在树后，远远地看见孩子的身影，悬着的心才放下，然后悄悄地溜回家。

对待世界上最疼爱你的父母，你拿什么报答？央视春节联欢会上有一首感动所有观众的歌《常回家看看》。

歌中唱道："老人不图儿女为家做多大贡献，一辈子不容易，就图个平平安安。"的确，你的平安，才是对父母最好的报答。

父母盼着你常回家看看。回家有个前提，就是安全。有道是安全才能回家！

测验与思考

词语解释：

葛麦斯安全法则

简答题：

如何用爱来进行安全管理？

思考题：

1. 请设想一下，如果你不在了，孩子在成长道路上会受到哪些伤害？

2. 夫妻又称伴侣，没有了伴侣的路会是什么情形？

3. 可怜天下父母心，为了不让父母伤心，你应该怎么做？

第四节
学会安全，活着就好——生命体

某年清明节前，我收到朋友发来的一条短信："我们上有老下有小，有很多责任需要我们去承担。家人不嫌弃我们平淡，不嫌弃我们贫穷，我们活着便是他们的依靠。所以我们要学会珍惜，学会小心，学会安全！遇事不要激动急躁，遇人不要横向比较。要坚定一个信念——活着就好！"

活着就好，并不是每个人都能意识到的。

通常情况下，人们只出席别人的葬礼，而不是自己的。在韩国的"棺材学院"，任何人只要花25美元，就能体验一回死亡的恐怖感觉。烛光中，大厅里回荡着为死亡体验者播放的哀乐，接着让他们在哀乐声中撰写"遗嘱"，以及在一张纸上为自己写下墓志铭。

老师要求"死亡体验者"想象他们的最后一顿晚餐："请想

象一下你想和谁一起享用最后的晚餐，然后如何向你最爱的人说再见。"

最后体验者穿上寿衣被装进一副木棺材中静躺 10 分钟。不同的顾客对于"模拟葬礼"的反应不一样，一些体验者躺进棺材后会流泪，一些人则要求将棺材盖留一道缝，还有一些顾客非常恐惧，根本无法完成整个"模拟葬礼"的过程。

这种模拟葬礼服务如今在韩国已经成了一种时尚，不仅年轻的学生纷纷抢着到"棺材学院"体验一回，就连韩国许多大公司——包括首尔保险公司、教保生命保险株式会社都纷纷安排公司员工前往"棺材学院"参加这种模拟葬礼活动。

只有面对死亡情境，人们才会意识到生命的可贵。

2008 年 5 月 12 日的汶川大地震，电视台 24 小时滚动播出新闻，我家的电视连续几天都开到深夜。一幕幕画面，让我深切地感受到生命的珍贵、生命的脆弱和活着的重要。

一位丈夫拉着妻子的手从摇摇欲坠的楼里逃出来，惊魂未定的妻子突然想起三岁的孩子还在屋里，立刻挣脱丈夫的手冲进屋去。"哗啦"一声，楼房倒塌了。丈夫跪倒在马路上，痛不欲生……

残垣断壁中，一位女性向前匍匐着，双手扶着地支撑着身体，身体被压得变形了。在她怀里，裹在小被子中的孩子安静地睡着，毫发未伤。小被子里有部手机，手机里保存着一条已经写好的短信："亲爱的宝贝，如果你能活着，一定要记住我爱你。"

废墟堆里，一位父亲连续刨了好几个小时，终于找到了自己的孩子。孩子一息尚存。父亲把孩子紧紧搂在怀里，不住地说："没事了，啊，真好，真好……"

灾难给人的教育刻骨铭心。汶川大地震用惨痛的事实给全国人民上了一堂生命珍贵的教育课。生命是最宝贵也是最脆弱的，人们更应该珍惜自己的生命。

只有知道生命珍贵，人们才会尽可能地躲避灾难，预防事故。

只有知道活着就好，当大难临头，人们才会靠着顽强的生命意志创造奇迹。

国外创造事故中存活纪录的矿工是一名叫杰克的澳大利亚人，靠吃煤渣喝泥水在井下存活 17 天零 5 小时，共 413 个小时。

2009 年，贵州省晴隆县新桥煤矿发生的透水事故中，矿工王圈杰、王矿伟、赵卫星 6 月 17 日就被困井下，直到 7 月 12 日才被救出，创造了井下生存 25 天零 4 小时，共 604 个小时的奇迹。

发生事故时他们被困井下，身边只有三顶矿灯和一个电子表。在井下，没有任何食物，只有渗下来的雨水。开始两天他们吃树皮，后来发现消化不了就不吃了，每天就是喝水。后来滴的水少了，他们每天每人只能喝一小口。平时相互之间也很少说话，一旦说话就是相互鼓励，矿灯也很少亮，只有在听到异常响声以为有人营救时，才亮一下，其他时间就睡觉，以保存体力。后来电子表也没电了，连时间也不知道了，大家都在承受生理和心理的双重考验。

王圈杰说他梦见老同学在麦地里抽水浇地。"天啊，到处是水！"他梦中捧着水泵喝了个够。

王矿伟说："哎呀，你是不知道，我二姐的手擀面那简直是一绝！我上去要先吃一顿！"

赵卫星说，只要能出去，就算天天让他吃玉米面疙瘩也愿意。

当时，他们想的是，只要能活下去，即使是每天喝凉水，吃一顿简单的面条，甚至是玉米面疙瘩，也是幸福。活着就好。

他们之所以能够创造生命的奇迹，依赖于他们的安全知识、应变能力和心理素质。

三人中，王圈杰的安全知识最为丰富。6月17日，他们在井下作业时，听到类似爆炸声后，王圈杰便意识到发生了事故。他参加过矿难事故的救援，知道在所有煤矿事故中透水是生存概率最高的。他还记得在安全知识培训课上，老师嘱咐如果遇到类似情况，只要一开始没有被水淹没，找个安全的地方等待救援就行了。王圈杰迅速做出反应，提议往与井口反方向的高处跑。这个提议，为他们生还提供了宝贵的机会。也只有往高处跑，透水才没有淹没他们。

井下等待救援，他们挑战的是生理极限，更是心理极限。王圈杰知道，在唐山大地震中，曾有人在废墟下生存了15天。他自己认为在矿井下最多能生存15天。为了安慰其他人，他就说可以生存30天。这个"美丽的谎言"成为3人在井下的精神支柱。

"没想到会有这么多天，我们互相鼓励，一定要活着出去，家里人都在上面等着我们。如果我们能出去，好好抓紧吃一顿，哎呀……"他们都是家里的顶梁柱，上有老下有小，他们想着如果自己倒下了，全家就完了，正是这份爱、这份责任让他们一直支撑着，在支撑 25 天后，终于获救。

继井下生存 25 天零 4 小时这一生命奇迹之后，又出矿难救援奇迹。王圈杰等三名矿工创造奇迹的第二年，山西王家岭煤矿发生透水事故，153 名矿工被困井下。虽然根据医学常识，"没有食物只能生存 7 天"，救援队却在第 9 天成功救出 115 人！众多媒体争相报道被困矿工如何在数百米深的井下，顽强面对来自精神和身体的双重煎熬。

新华社的一则报道引起了我的注意。报道称，获救的一名被困工人说，事故发生两三天后，一些年纪较小的矿工精神接近崩溃，几名矿工失声痛哭，情绪激动。这时候，老矿工安慰他们，其中就有人讲述了"贵州 3 名矿工被困井底 25 天最终获救"的故事，正是有了榜样的激励，失控矿工才稳定住情绪。饿了，他们啃树皮和木头，吃炸药包装纸、纸箱的纸片和棉衣里的棉花；渴了，就喝井内积水，井水太脏，不敢多喝，润润喉咙再吐掉，实在渴得不行了，才喝一点点；冷了，他们就相互抱着取暖。新的奇迹由此诞生。

三名矿工获救的时候，我恰好在贵州。我拿着刊登矿工获救消息的报纸，问工人们怎么看待这一生命奇迹，得到的回答概括起来就八个字：学会安全，活着就好。

"学会安全，活着就好"的第一层含义：要知道活着有多好

失去健康时，还可以住院医治；失去金钱时，还可以从头再挣；但是失去生命时，要拿什么才能去弥补？平安是福，活着就好！

想想有多少人身处绝境，大声呼喊要活下去，因为他们知道活着便是一切。因为活着，才能追求梦想，憧憬未来，品尝亲情，体会友情；因为活着，可以想笑就笑，想哭就哭，想睡就睡，累了可以大声地喊出来，想家的话可以打电话报个平安。平安是福，活着就好！

"学会安全，活着就好"的第二层含义：要安全还要会安全

我一再说，安全培训是员工享受到的最大福利，这是因为学习可以让员工知道什么是危险，哪里不能碰，何处最安全；学习让员工们知道哪些可以做，哪些不可以做，怎么做才安全；学习让员工知道事故的后果，知道制度规章后的血的教训，知道操作数据背后的真正含义。

员工遇到井下透水、施工塌方、建筑物倒塌等事故被埋，或在其他事故中出现受困不能脱离险境的情况，必须沉着应对，冷静处理，需要做到以下5点。

（1）止危害。消除正在发生的危害，避免损失扩大，如止血、包扎伤口。

（2）定信念。要树立活下去的坚定信念，永远不放弃。

（3）存体力。减少活动，避免躁动，注意休息，保存体力。

（4）补能量。为了生存，利用身边的水和食物，即使是尿液和木渣。

（5）求外援。设法让外界了解到生命存在的信息，为救援创造条件，然后静心等待。

小心是安全的前提，但很多时候，知识比小心更重要，不具备知识，再小心也不知道危险所在。

在这个世界上有两种学习，一种是从自己的经验中学习，另外一种是从别人的经验中学习。在安全工作中，从自己的经验中学习是痛苦的，因为要付出惨痛的代价；从别人的经验中学习是幸福的，别人用血泪告诉自己真理的所在。

安全学习认认真真，工作就能踏踏实实，生活才会实实在在。

生命只有一次，它只有精彩的演出，没有重复的彩排。

学会安全，活着就好。

测验与思考

简答题：

请用简要的事例说明"活着就好"。

思考题：

1. 创造事故中等待救援生存时间最长纪录的人，靠的是什么信念？

2. 闭目设想你还有多少愿望没实现，还有多少未来值得期待。

3. 请说明"活着就好"和"学会安全"的关系。

第五节
企业安全好，我的收入高——共同体

2015 年 9 月，中共中央总书记习近平在纽约联合国总部发表重要讲话指出："当今世界各国相互依存，休戚与共。我们要继承和弘扬联合国宪章的宗旨和原则，构建以合作共赢为核心的新型国际关系，打造人类命运共同体。"人类命运共同体构想一经提出，一时间成了人们议论的热点，并随着中国维护全球化的行动，获得了越来越多国家的认同。在国内，命运共同体概念逐渐成为全社会的共识，"命运共同体"被《咬文嚼字》公布为 2018 年度十大流行语。人人都处于共同体之中，比如国家和公民、家庭和成员、企业和员工。企业和员工就是事实上的共同体关系，既是效益共同体，又是安全共同体，更是命运共同体。

企业的安全可以从两个方面来理解："安全"的"安"，是指员工生命健康的平安；"全"，是指企业财产的保全。这说明，安全是个带有数字内涵的概念。

有人曾经问我，员工的生命健康可以用价值来衡量吗？企业财产是否有损失能够用效益来测算吗？还有，安全的投入与产出的关系又是什么样的呢？

我们课题组曾做过一个数理模型，用来表达安全和效益的关系。

安全管理上有一个词汇叫作"减损产出"，是指安全投入能减少的损失，相当于产出的效益。安全措施投入前，可以预测到发生事故造成的损失。安全措施投入后，风险得到削减，损失会缩小范围。安全产出的效益，正是安全措施投入前预测的损失减去安全措施投入后预测的损失。

事故造成的损失有直接和间接之分。

直接经济损失，指因事故造成员工人身伤亡及善后处理支出的费用和毁坏财产的价值，包括善后处理费用、处理事故的事务性费用、现场抢救费用、清理现场费用、事故罚款和赔偿费用、财产损失价值、固定资产损失价值以及流动资产损失价值。

间接经济损失，指因事故导致企业产值减少、资源破坏和受事故影响而造成的其他损失的价值，如停产与减产损失价值、工作损失价值、资源损失价值、处理环境污染的费用、补充新员工的培训费用以及其他损失费用（**企业形象受损、客户流失、中断履约等**）。

"减损产出"中，"减损"减去的只是事故的直接损失。按照冰山理论，事故的间接损失远远大于直接损失。即使不算间接损失，直接损失的减损产出也很可观。

我在企业里听人讲过，"会赚钱的是师傅，会省钱的是老师傅。"

安全管理在发展，安全认识也在深化。

安全不仅是成本的概念，还是增值的概念。对员工来说，提高安全素质不仅可以提高防范事故的能力，还能提高生产的效率。对企业而言，提高安全水平不仅可以减少损失，还可以在质量、信誉上获得回报，这就是安全贡献率。

一些企业还不太习惯讲安全贡献率，实际上，西方企业早就把安全贡献率作为一种投资回报，是要向董事会汇报的一项重要指标。澳洲航空公司作为上市公司，公布的财务报表上安全贡献率曾经超过500%。

"大河无水小河干，大河有水小河满"是人们常常用来形容企业和个人关系的两句话。

大河小河是相互贯通的。涓涓细流汇成大江大河，大江大河而又奔流到海，投入海洋的怀抱。员工和企业的关系也是相互贯通的。每个人都需要像小河流入大江大河一样，投入企事业单位等各种劳动场所。劳动创造财富，企业因员工劳动而产生效益。如果员工不努力，企业不可能自动地产生效益。员工是要生活的，如果企业长期没有效益，负担不起员工的工资，员工就会离开，企业就会倒闭。反过来说，员工工作努力，企业就会创造好的效益。企业的效益好，员工收入就有了保障。二者相辅相成，互相促进。

企业的管理者已经认识到"安全就是效益"。我在许多企业见过这样的例子：有人遵守制度，制止违章，立功受奖；有人发现异常情况立即报告，预防了事故，受到表彰；有人在事故初发阶段，措施果断，方法得当，避免了损失扩大，获得了奖励。

这些当事人深切体会到安全和效益的关系。

当然，还有一些企业的员工并没有因此获得奖励，但也不能否认企业的安全和自己的利益密切相关。因为企业既然是效益共同体，就一定是安全共同体。

安全好，生产平稳，运行富有效率，企业效益就高。安全不好，漏洞百出，事故不断，企业不仅在事故中承受损失，事故后还要赔偿损失，要恢复生产，要挽回信誉，可供员工分配的利润自然就跟着减少。企业安全了，效益就会好，员工收入就会高。也可以说，企业的安全，决定了每个员工的"荷包"。

明白了这个道理，在行动上应该怎么做？

刚才讲的是"河"，现在讲河里的"船"。

江河里的船只，是人们比喻企业共同体的另一个参照物。下面是一个关于船夫划船的故事。

波涛汹涌且充满暗礁险滩的河上，有一艘大船摆渡来往的行人。船夫和乘客会偶尔交谈。当有乘客让船夫谈谈自己的工作时，第一个船夫说："我在混口饭吃。"他身边的一位忙碌的船夫说："我在做船夫该干的活。"第三个船夫目视远方，语气坚定地说："我们要把各位平安地送到对岸。"

企业就是一条"大船"，员工就是"船夫"。

说"混口饭吃"的船夫，自己并没意识到共同体，得过且过，只会消耗企业的资源，给企业带来的是负效益。

说"做该干的活"的船夫，已经与企业共同体有了切合度，认为做好岗位工作是企业员工的本分。

说"要把乘客平安地送到对岸"的船夫，是真正认识企业共同体的人，体现了企业的宗旨，他会为实现企业目标创造性地工作，是企业最需要的人。

如果把企业看作一条船，如果把企业和员工看成是命运共同体，那么，"风雨同舟"就是对企业和员工这个命运共同体安全关系的最好表达。

恩格斯在他的光辉著作《论权威》中也用"汪洋大海上航行的船"形容企业面对的风险，并以此告诉人们如何做出正确的选择。他说："在危急关头，大家的生命能否得救，就要看所有的人能否立即绝对服从一个人的意志。"

企业这艘"大船"在航行的过程中必然要经受风雨，经受波涛，经受凶险。如果船上的人三心二意，各打各的算盘，各自为战，这艘大船要么失去方向，要么就地搁浅，要么倾覆沉没。

企业需要员工同心同德，同舟共济，共渡难关，共同面对各种风险，其中自然包括安全的风险。

测验与思考

词语解释：

减损产出

简答题：

1. 企业和员工的关系是什么？

2. 安全和效益的关系是什么？

思考题：

为什么说企业和员工是安全共同体？

第六节
管理选读：谁是安全的主体

在各类文件和报纸杂志上，虽然人们经常会看到一种说法——安全管理的主体问题，但是说得更多的是我国安全生产管理的责任体系，即政府是安全生产的监管主体，企业是安全生产的责任主体，这是从宏观层面来说的。

如果放到微观层面，从企业里看安全生产问题，就会发现被很多人忽略了的事实——企业内部也有个安全管理的主体问题。

正因为不知道谁是安全工作的主体，很多企业才充满了乱象：发现他人存在安全隐患时，事不关己、高高挂起，使隐患变成现实；发现单位存在事故苗头时，缺乏应有的责任感，无动于衷，无所作为，终使苗头变成祸患。

安全工作的主体问题，实际上就是在安全生产中谁是主角，谁起到决定作用的问题。

因此，企业在安全管理上要明确主体，强化主体，尊重主体，发挥主体的作用。

一、明确主体，搞清楚"安全工作的主体是谁"

我曾经在《第一管理——企业安全生产的无上法则》那本书里提醒人们注意安全管理的责任铁律，提到企业作为安全生产的责任主体，并不能天然地担负起主体责任。企业内部是由各个岗位组成的，必须让各个岗位承担起安全的责任，把企业的责任主体变成责任合体。

要把企业由责任主体变成责任合体，就需要建立和理顺企业内部的安全管理体系。从这个意义上讲，企业的管理层担负着整体日常安全生产的责任，是内部的安全管理主体；企业的员工承担着各个岗位安全生产的直接责任，应该是企业内部的安全工作主体。

企业不仅要知道员工是安全工作主体，还应该告诉员工安全工作主体的内涵。

国家安全生产监管部门在员工中提倡"三不伤害"——"不伤害自己，不伤害他人，不被他人伤害"，前提是员工以自我为轴心，做好自我的安全防范。同样，很多企业开展的"我要安全，我会安全，我能安全"活动，更加明确地告诉员工"我"在安全工作中的特殊地位。"我"的安全事关个人的生命与成长，事关家庭的美满与幸福，事关企业的建设与发展，事关社会的和谐与稳定。对自己的安全，"我"责无旁贷；对企业的安全，"我"义无反顾；对他人的安全，"我"有监督和帮助的责任；对他人的不安全行为，"我"有提醒和制止的义务。

每个员工心里都应该明白，安全为了"我"，"我"要保证安全，"我"是安全工作的主体。企业是由每一个"我"组成的，"我"的安全观念、安全习惯和安全行为构成企业的安全环境，决定企业的安全水平，影响企业的安全发展。任何一个"我"，只要在安全方面存在问题，都会变成企业的安全隐患。只有突出"我"的安全主体地位，发挥"我"的安全主体作用，强化"我"的安全主体意识，才是安全管理的精髓。

二、突出主体，用管理手段强化安全主体意识

员工是安全工作的主体，并不是抛开企业管理层的责任。管理层肩负安全管理职责，最重要的是运用各种管理手段强化员工的安全主体地位，培养员工的安全主体意识。

安全绩效考核是安全管理中强化安全主体意识的重要方式。《安全生产法》明确规定了每个岗位都要有安全生产责任制，绩效考核就是要保证安全生产责任制落到实处，首先科学地、合理地确定安全总体目标和安全绩效指标，将整个企业承担的安全责任分解落实到各个组织层级和各个岗位，细化、量化安全指标；然后对安全指标的完成情况进行跟踪、监测；最后严考核、硬兑现，构成管理闭环，最终实现一切工作要预设安全目标，一切业务流程有安全保护程序，一切考核手段有安全量化依据，使安全主体的责任强化体现在生产经营的全过程。

培训是强化员工安全主体意识必不可少的手段。在对员工进行安全技能培训的同时，要加强安全主体意识的灌输。通过形式多样、员工喜闻乐见的培训，让员工思考安全究竟为了谁？谁在安全当中受益？谁是安全生产的最大受益者？企业安全生产要靠谁？员工的

人身安全依靠谁？

通过一系列的培训和问题讨论，使某些员工思想中的糊涂认识得以厘清，让员工从根本上认识到：安全生产是为了员工自己；员工在安全管理上是最大的受益者；搞好企业安全生产，全体员工是主要的依靠力量。自己的安全掌握在自己手上，不能把希望寄托在别人身上。企业的管理者要从根本上解决员工的安全责任意识不强的问题。

三、尊重安全工作主体，用情感方式发挥安全主体作用

既然员工是安全工作的主体，是安全生产的主要依靠力量。企业就应该除了传统管理手段之外投入更多的亲情化、人性化管理成分，尊重安全工作主体，在尊重中赢得安全工作主体的理解和信赖，使其发挥出在安全生产中的作用。

企业应注重与员工的感情培养，在日常的安全管理中多教育、多鼓励，立即指出，及时提醒，让员工时刻感受到管理者的关怀，这就是安全工作中常说的"有感领导"的一个重要内容。企业管理者应多思考、多沟通，加强互动，形成安全管理严肃、认真、生动、活泼的良好氛围。

企业管理者应从员工的根本利益出发，思考和规划安全工作；应改变仅仅从财产是否有损失的角度抓安全的思维方式，把员工的生命利益放在心上，辨识劳动场所中的各种不安全因素，对危及员工生命安全和健康的场所进行整改；按照法律规定，保证对员工的劳动保护的投入，为员工创造风险尽可能低的劳动场所。

在法律规定范围之外，企业管理者应主动替员工着想，体现企业良好的社会责任形象；按照人机工程学的要求，逐步改进生产工具和生产设施，使生产条件满足员工生理和心理方面的需要；给员工提供超越法律要求的保护，员工主体意识会进一步激发，也会给企业提供超值的回报。

明确主体，强化主体，尊重主体，就是要把安全的外在要求变为员工的内在需求，把安全的硬性规定变为员工的自觉行动，使各种规章制度不再是印在纸上、贴在墙上的"一纸空文"，而变成了员工头脑中自觉的安全理念和思维模式。员工认识到自己是安全工作的主体，就会发挥出主体作用，遵守规章制度就会成为自觉的行为。人人懂规程，人人守纪律，"要我安全"就会变成"我要安全"。

测验与思考

填空题：

企业的管理层担负着日常安全生产的_____责任，是内部的_____；企业的员工承担着各个岗位安全生产的直接责任，是企业内部的_____。

简答题：

1. 什么是企业安全工作的主体问题？

2. 企业里，安全工作的主体是谁？

思考题：

如何用管理手段强化员工的安全主体意识？

02

第二章
大家共坐一条船，
齐心才能抗风险——为伙伴

第一节
不伤害自己，不伤害他人，不被他人伤害——中国特色

"不伤害自己，不伤害他人，不被他人伤害。"这句话在中国的企业里，员工们耳熟能详。

我深入研究过世界 500 强企业的安全管理经验，有读者在读过我的《安全精细化管理——世界 500 强安全管理精要》这本书后，问我为什么不谈"三不伤害"。

我说，"三不伤害"是中国企业的独创。

"三不伤害"不是今天才开始讲的，最早是在 1994 年的全国第四次安全生产周活动中提出的。当时的活动主题是"勿忘安全，珍惜生命"。活动中，"三不伤害"的原型——"我不伤害自己、我不伤害他人、我不被他人伤害"一经提出，就在企业和员工中不胫而走，成为一大亮点。

可不要小看这个"三不伤害"，它融会了东西方的智慧。中国

传统道德讲究自身修养，就是自爱，自己不伤害自己；佛家讲"不恼害众生"，持戒清净，不能伤害他人；整个社会讲和谐，和谐就不能彼此伤害，也就是不被他人伤害。当然，西方文化对"三不伤害"也是有贡献的。约翰·密尔在《论自由》中提出了"不伤害（Do no harm）"原则，西医生命伦理学原则第一条原则就是"不伤害"，即"首先不伤害"。

"不伤害自己，不伤害他人，不被他人伤害"，仅仅 16 个字，相信每个人都能记得清清楚楚，然而理解了多少呢？

经过反复分析思考，我惊奇地发现这寥寥几句话竟然能概括所有的安全条款，几乎涵盖了岗位员工所应遵守的现场安全管理规章的所有内容。为了不伤害自己，就必须正确佩戴劳保用品；禁止擅自移动、损坏、拆除安全设施和安全标志，就是为了不给别人带来伤害；岗位员工要开展危害辨识，查找隐患，就是不让别人留下的错误伤害到自己。

虽然有人把"三不伤害"看成简单的道理，但是复杂的问题简单化就是不简单，简单的道理坚持做更是不简单。

无人怀疑"三不伤害"的正确性，却有太多的人不去履行。

穿鞋戴帽是每个员工自己的事，穿劳保鞋、戴安全帽是每个人性命攸关的大事，很多人不愿意去做或者不愿意按照标准认认真真地做，还需要安全专业人员来检查督促，分明是等着危险来伤害自己。在工作中，员工如果不负责任，违章指挥、违章作业、违反操作规程，那么不仅自己受害，还会伤及无辜，伤害他人。有太多的案例和悲剧源于某一个人的某一个动作，牵连很多人跟着受到伤害。有些人虽然不是主要肇事者，但是他发现别人违章，不去制止，不予关心，结果事故的严重性超出他的预想，自己也跟着受伤害。

作为岗位员工，对"三不伤害"应该有正确的态度。

一、不伤害自己，是员工工作中必须做到的最低标准

对员工的安全教育要从"不伤害自己"入手，如果员工连"不伤害自己"都做不到，那么怎么能谈得上"不伤害他人"以及"不被他人伤害"？

有一次我和矿工交流时，请大家谈谈对"搬起石头砸自己的脚"的看法，有人用成语回答，比如"自作聪明""自作自受"等；有些人的回答就更干脆了，如"愚蠢""活该"，肯定都不是好词。

我接着问，那么对工作中和"搬起石头砸自己的脚"一样的现象，对"自己伤害自己"怎么看？

结果，大家似乎谁都没有勇气高调批评"自己伤害自己"。

为什么呢？我分析，他们都是来自现场的员工，对"不伤害自己"这么简单的道理都知道，但并不一定能够做到。他们有时是思想麻痹，有些属于不良习惯，在一些人看来，杜绝"不伤害自己"真的很难。如何才能做得到呢？

一是意识上不伤害自己。这话怎么讲？员工安全意识差，麻痹大意，心存侥幸，图省事，怕麻烦，这就是隐患，就是潜在的自己伤害自己。因此，对待安全必须高度重视，集中思想，抖擞精神，一丝不苟。

二是技能上不伤害自己。员工们应主动参加安全活动，接受安全培训，主动学习安全技能，掌握操作设备或作业活动中的危险因素及控制方法，提高识别和处理危险的能力，做到自己不受伤害。

三是行为上不伤害自己。员工应养成遵章守纪的习惯，领导在与不在一个样，有人检查和没人检查一个样，不偷懒，不冒险，不违章，不放过任何隐患，让"自己伤害自己"成为不可能。

二、不伤害他人，是最起码的职业道德

伤害是把双刃剑，伤害了别人时，也是在刺向自己。这是 2600 年前古希腊人就知道的道理。我年轻时曾读过《伊索寓言》里一则叫作《蜜蜂和宙斯》的故事。

一只蜜蜂飞越千山万水来到奥林匹斯山，把蜂蜜献给众神之王、主宰世间一切的宙斯。宙斯对蜜蜂的奉献很高兴，就答应给它所要求的任何东西。蜜蜂于是请求宙斯说："请您给我一根刺，如果有人要取我的蜜，我便可以刺他。"宙斯很不高兴，但因为已经答应，不便拒绝它的请求，于是宙斯回答蜜蜂说："你可以得到刺，但那刺留在对方的伤口里，你也将因为失去刺而死去。"

在安全工作上，害人就是害己，害人必然害己，肇事者难逃处罚，要么是法规制度的制裁，要么是事故扩大连带的伤害。

所以，员工在思想上要把别人的生命看得和自己的一样宝贵，

决不可以因自己的错误，造成对他人生命健康的伤害。

除了有意为之的刑事犯罪以外，员工在生产场所对他人造成的伤害都是过失伤害，就像刑法上的过失犯罪。即使是过失犯罪也会有后果，也会受惩罚。员工要多考虑他人的生命健康，搞好协调配合，不制造隐患，不让自己的行为对他人构成威胁。

三、不被他人伤害，是难以做到而又必须做到的职业规范

如果你是水一样的女生，就不要碰那些火一样的男生。

虽然你喜欢。

其实那样的男生，女生们都喜欢。

如果你是只钟爱一人的女生，哪怕在不同时段的感情里，就不要原谅那些曾经踏过两条船，现在左右逢源、注定命犯桃花的男人。

否则，只有被他伤害，而且一定会伤得不轻。

以上是某企业安全文化节上的一段员工朗诵，说的意思是，如何在恋爱时不被他人伤害。

有些事故是由能源失控和人的失误引起的。这里人的失误指的是任何一个人。员工的生命安全应该掌握在自己手里，不应该让他人伤害，即使是无意的伤害，越是无意的伤害，越没有防备，越容易受伤，也越容易被员工忽略。

面对他人的无意伤害，员工应该怎么做？

古时候大街上不像现在到处都有霓虹灯，没有月亮的晚上就会一片漆黑。有位禅师晚上走在大街上，有好几次差点被来往的行人撞倒。突然，他看见有人提着灯笼走过来。旁边有个路人说："这个盲人真奇怪，明明看不见，却每天晚上打着灯笼！"

禅师也觉得很新奇，就走上去问打灯笼的人："你看得见吗？"

盲人说："我什么都看不见。对我来说，白天和黑夜都一样。"

"既然这样，你为什么还要打灯笼呢？"

盲人说："我听别人说，每到晚上，人们都变成了和我一样的'盲人'，因为夜晚没有灯光，所以我就在晚上打着灯笼出来。"

禅师说："原来你所做的一切都是为了别人！"

盲人摇摇头："不是，我为的是自己！我的灯笼既为别人照了亮，又让别人看到了我，这样他们就不会因为看不见我而撞到我了。"

提高自我防护意识是"不被他人伤害"最关键的一点。员工请谨记：违章指挥咱不听，别人失误帮助改，安全经验同分享，保护自己免伤害。

"三不伤害"最初被作为人性化的安全管理理念，如今已发展为一种有效的管理工具。

我看到有些企业除了召开学习讨论会，组织员工学习岗位安全规程和作业标准，分析自己的岗位及环境危险点以外，还发动员工填写岗位"三不伤害"防护卡。卡片通常都会详尽列举对自己和他人形成伤害的各种因素和相关防范措施。某石油企业组织全员进行危害识别，制作出相同岗位内容统一、格式规范、便于携带的"三不伤害"危险控制卡，员工在每天上班前根据当天所处岗位的情况进行填写，超前预防，收效良好。

测验与思考

填空题：

不伤害自己，是员工工作中必须做到的_____标准。不伤害他人，是最起码的_____。不被他人伤害，是_____而又_____的职业规范。

简答题：

1. "三不伤害"内容是什么？

2. 有人把"三不伤害"看成简单的道理，为什么说"简单的道理坚持做更是不简单"？

思考题：

1. 如何才能做到不伤害自己？

2. 要做到不被他人伤害，需要记住的四句话是哪些？

第二节
一人违章，大家遭殃——团队安全

看《鲁滨逊漂流记》时，我曾怀疑，如果没有野人星期五，鲁宾逊怎么可能独自一人在荒岛上坚持下去。人是社会性的动物，没有人能够脱离社会独自生存。

现代工业更是离不开社会化。人与人之间有分工，有合作，共同进行社会化大生产，这才是工业社会。那么，工业社会的安全生产问题也是人与人之间的社会性问题。因此说，安全管理不是某一个人的事，而是员工所在团队整体的事。

破坏安全，一个人就够；维护安全，却需要整个团队的努力。不去伤害他人，这是一条起码的道德准则。

中国企业界在对安全生产社会性、团体性认识深化的基础上，由"三不伤害"发展到"四不伤害"，即增加了一条"保护他人不受伤害"。

正所谓"一人把关一人安，众人把关稳如山"。

"保护他人不受伤害"，使"三不伤害"发展到团队安全的新阶段。

从世界范围看，团队安全是安全文化的高级阶段。

国际原子能机构把安全文化划分为 3 个层次。

1. 自然本能

员工面对风险时主要依靠本能，安全管理上的表现属于反应期。员工平时不关心风险和制度，受了伤才意识到风险的存在，头破血流才想到戴安全帽，手划伤才想到戴手套。企业只是将职责委派给安全经理，缺少管理层的参与，生产出了事故，管理者才想到有制度，才想到安全重要，才考虑整改。而此时，代价惨重，教训惨痛。

2. 依赖严格监督

"害怕"和"纪律"是这个阶段的关键词。

员工害怕什么？他们不是害怕危险，是害怕制度。铁腕抓安全，奖罚硬兑现。讲话有人听，罚款有人怕，相比第一阶段已经是很大的进步了。在一定历史条件下，企业安全业绩就是管出来的。

3. 自主管理

很多人并不了解管理其中的真意，实际上包含管和理两层意思。安全管理，管是检查，是奖罚，理是理清认识，引导行为。

"安全不是检查出来的"，这句话的意思不是不要检查，而是不能依靠检查，要依靠员工的主动自觉行为。理念灌输到位，员工知道安全是为了谁，安全意识入脑入心，上级在与不在一个样，主动去做，就是员工自主安全管理。

团队安全文化是以上三个层次之外的更高阶段。

国际安全管理的标杆杜邦等企业在国际原子能机构划分的基础上又确立了新的目标。这个新目标放在团队安全上，就是每个人不仅自己做好安全，还要相互照顾，相互管理，留心他人的安全，帮助别人遵守制度。

动物界也有靠团队力量保证安全的例子。

我在海南岛听渔民说，一群螃蟹是上不了岸的。

几只螃蟹从海里游到岸边，其中一只也许是想感受一下岸上生活的滋味，只见它努力地往堤岸上爬，可无论它怎么做，却始终爬不到岸上去。这是因为螃蟹只适合在水中生活，陆地对螃蟹来说不适合生存，有生命危险。

螃蟹团队很好地树立了这种安全意识，如果哪一只螃蟹昏了头，违章要往岸上爬，只要有爬离水面的动作，别的螃蟹就会争相拖住它的后腿，把它重新拖回到海里。

人们偶尔会看到爬上岸的海螃蟹，不用说，它们一定是脱离团队单独爬上来的。

这就是典型的团队安全文化。

我在给管道运输企业提供服务期间，接触到中国最大的管道施工企业中油管道。我从施工队伍那里了解到，他们的员工要求行为自觉、经验分享、团队互助，不仅要注意自身行为，还帮助别人遵守规则。中油管道的核心是"团队"，塑造团队型员工，实现团队安全环保工作目标。具体来说，包括员工互助、实现团队贡献和共享团队荣誉三个方面的团队安全文化内容。

员工互助。员工自觉遵守安全环保制度，并将知识和经验分享给其他同事，留心他人岗位上不安全、不环保的行为，并给予提醒与帮助。

实现团队贡献。团队员工愿意为安全环保工作目标共同奉献、相互依存、相互影响、努力合作，追求团队安全环保工作的成功。

共享团队荣誉。安全环保成为团队重要的价值观，以达到零事故、零伤害、零污染为目标。个人业绩被视为团队荣誉，团队业绩是员工最引以为傲的事情。

这种团队安全文化理念中明确昭示：个体力量的总和远远小于团队合作的能量，即"1+1+1＜111"，决不能重视有形个体，轻视无形团体。企业里的安全工作人人有责、事事关己，决不能"各人自扫门前雪，莫管他人瓦上霜"。

具备安全文化的团队会尽量避免某个成员的违章。即使已经出现事故，应急反应、脱离险境或减少损失也要靠团队。

中央电视台有一期介绍南美洲草原上小蚂蚁的专题片，让我印象深刻。

蚂蚁和狼群、蜜蜂一样，都是喜欢群居的。南美洲的蚂蚁不但分工细、效率高，而且还非常讲究团队安全。它们的窝若被大雨冲毁，就要迁移到其他地方。建窝前的重要工作，就是发动全员危害辨识。每一只蚂蚁到自己认为适宜居住的地方留下气味，气味最大的地方就是它们重建家园的地方。

灾难来时，也需要共同面对。

酷热的天气，山坡上的草丛突然起火，无数蚂蚁被熊熊大火逼得节节后退，火的包围圈越来越小，渐渐地蚂蚁们似乎无路可走。然而，就在这时出人意料的事发生了：蚂蚁们迅速聚拢起来，紧紧地抱成一团，很快就滚成一个黑乎乎的大球，滚动着冲向火海。尽管大球很快就被烧成了火球，在噼噼啪啪的响声中，一些居于火球外围的蚂蚁被烧死了，但更多的蚂蚁却绝处逢生。

无论是看不得一个队友犯错误的海南岛螃蟹，还是"抱成团"以对抗灾难的南美洲蚂蚁，都在展示团队安全文化。

"人上一百，形形色色""人多嘴杂"等都是说明在团队里个体的差异性是普遍存在的。企业在安全管理上要达到团队互助，就要培育员工共同的安全价值观。只有每个个体对安全都有足够的认识，明白安全"为他人"与"为自己"的辩证关系，都认可团队的安全目标，珍视团队的安全业绩，彼此之间才能有效沟通，消除隔阂，增进情谊，相互关照。

如何实现团队安全互助？方法有以下3种。

1. 建网络

企业界效仿社会治安的"群防群治"。一些企业的各级领导班子层层抓安全，建立"N道防线"；"党政工团妇"都来管安全，形成"N条纵深"，纵横交错，形成网络。

2. 明责任

用合同书等形式明确各个管理层级包括班组与员工个人的安全联保责任，督促员工之间对安全的相互关注、相互提醒。

3. 绑利益

企业把员工的个人行为与团队利益捆绑起来，以奖为主，奖罚兑现。生产区假如只有一个人戴安全帽，其他人都没有戴，不仅处罚没有戴的人，连戴的也一起处罚，因为戴帽的人没有尽到提醒的责任。

班组是团队安全的基础。我多次到东北的大庆油田做培训。大庆油田有个"苗磊班"，其安全管理的经验就是依靠团队。每天的工作中，班里都要做到"一叮嘱、一示意、一保护"。"一叮嘱"就是班长在开工前针对重点安全操作环节叮嘱大家注意安全；"一示意"就是在群体作业和交叉作业时，班组成员相互关照，相互示意，避免因埋头操作而忽视安全；"一保护"就是彼此经常用手势告诫禁止吊装物从人头顶上经过，相互之间注意保护同伴的安全。

"一叮嘱、一示意、一保护"说明团队安全的重要性，彼此密切配合，形成思想联通、人员联动、行动联手的安全工作局面。

测验与思考

简答题：

1.“四不伤害”比“三不伤害”增加了一条什么内容？

2.国际原子能机构把安全文化划分为哪三个层次？

3.国际企业界在三个层次之外新增加的层次是什么？

思考题：

1.团队安全文化有哪些特点？

2.如何实现团队安全互助？

第三节
把安全责任落实到每个员工——政府号召

英语"企业"一词包含"enter"和"prise"两部分，前一部分有"获得、开始享有"的含义，意思是获得利润、享有收益；后一部分有"撬起、撑起"的意思，代表着杠杆、工具。在工业化初期，企业（enterprise）被看成是"获取利润的工具"。

意识决定行为，就像安全意识决定安全行为一样。在把企业看成获取利润工具的工业化初期，欧美国家事故频发，企业充满了血腥。经过上百年的发展，美国在20世纪30年代之前，矿山事故仍然层出不穷，每年死亡人数仍然在两千人左右。

有个叫科斯的美国人，在20世纪30年代提出要反思"企业的本质"。随后的几十年，人们对企业本质的认识逐步深化。同时，随着对企业本质认识的深化以及科技的进步，欧美各国工业事故发生率逐年下降，在事故多发的矿山已经变成了安全度极高的行业，在一些国家甚至长期保持零死亡的纪录。

是什么影响到发达国家对企业的认识呢？是社会责任。

所谓企业的社会责任，就是除了过去说的创造利润、对股东利益负责之外，还要对员工、对社会、对环境负责，遵守商业道德，实现生产安全，保证职业健康，节约资源不被浪费，维护环境不受破坏。

我曾在一本书中讲过关于企业社会责任的话，多次被媒体引用："没有社会责任的企业以及忽视环境和员工生命健康义务的企业，存在先天的道德风险，这种道德风险随时会转化为商业风险，削弱企业的核心竞争力。"

位于日本东京的高田公司因生产安全带、安全气囊等一系列安全用品而闻名遐迩，鼎盛时期在全世界有 50 多个生产基地，员工一度达到了 5 万人。而且，绝大部分的日本汽车和一部分其他国家的汽车都使用高田公司生产的安全用品。

但是在 2015 年 5 月份，高田公司的危机出现了，因安全气囊张开时滚烫的金属残片会刺入车主的身体，从而导致悲剧的发生，而高田公司却隐瞒了事实，造成了 6 起死亡事故，有难以推卸的直接责任。一时间，高田公司被推到了风口浪尖。迫于社会压力与严重的资金问题，高田公司宣布破产。

虽然因安全事故倒闭的车企只有高田公司一家，因事故倒闭及被重组而消失的航空公司却可以拉出长长的名单。

西班牙航空公司，因客机起飞时冲出跑道并爆炸起火，事故造成 154 人死亡，致使企业财务状况每况愈下，出于安全考虑，停止运营。

　　泛美航空公司，定期航班服务遍及六大洲全球 160 个国家，因航班在苏格兰边境小镇洛克比上空发生爆炸，事件造成 270 人罹难，公司营运也因此受到重挫，在空难发生 3 年后宣告破产。

　　瑞士航空公司，一架客机在加拿大哈利法克斯机场附近海域粉碎性解体，全机 229 人无一生还。此事件对原本营运状况不好的瑞士航空公司无疑是雪上加霜，间接导致公司破产。

　　河南航空，航班在黑龙江省伊春林都机场降落时发生坠机事故，机上 96 人中 42 人遇难。伊春空难后，河南航空被勒令停飞，由于资不抵债，最终破产重组。

　　很多企业因为忽视安全责任而破产倒闭，说明社会责任对企业很重要，安全则是重中之重。

　　没有安全，企业无法生存和发展；没有安全，企业无法保证质量和效益；没有安全，企业无法谈得上社会责任。

　　安全是企业最基本的责任，是企业第一位的责任。

　　安全之重要，对于国家、对于政府，也是如此。以人为本，首先要以人的生命为本，科学发展首先要安全发展，和谐社会首先要关爱生命。国家负责安全生产监督管理的官员在"中国·企业社会责任国际论坛"上表示，安全生产是一个历史性的、全球性的问题，安全生产无国界，企业的社会责任也无国界。

　　中国企业面临着艰巨的安全责任。

　　"治乱世当用重典"，根治当时企业的安全生产状况少不了严刑峻法:《安全生产法》《矿山安全法》《消防法》《道路交通安全法》等。

除此之外，国务院出台了《安全生产许可证条例》《关于进一步加强安全生产工作的决定》等规范性文件，再加上国务院有关部门制定的规章，有上百部法规在强调安全生产的责任。

中国企业如何才能承担起千钧重任？

仔细考察会发现，企业的社会责任系统从来都不是企业一家的事情，包含政府、企业和员工三个主体。拿安全生产来说，政府是监管主体，企业是责任主体，员工就是执行主体（又叫工作主体）。企业在社会责任体系中处于核心地位，是个中轴。企业不是抽象的，它不会天然地承担责任，要靠内部各个岗位的共同承担。

电影《中国机长》根据 2018 年 5 月 14 日四川航空 3U8633 航班机组成功处置特情真实事件改编，因情节生动，细节真实，扣人心弦，火爆一时。影片讲述了"中国民航英雄机组"成员与 119 名乘客遭遇极端险情，在万米高空直面强风、低温、座舱释压的多重考验下，机组临危不乱、果断应对、正确处置，确保了机上全部人员的生命安全，创造了世界民航史上的奇迹。

飞行中出现了极端天气，风和强气压交织在一起使情况更差。"砰"，驾驶室的前挡风玻璃出现了一小段裂痕。驾驶员的心一下子揪了起来。"嘭"的一声，副驾驶座位前的玻璃全部破裂了，大量狂风和伴随的大气压冲了进来。副驾驶半个身体被吸到了破裂口，十分危急，机长毅然决定向总部申请临时下降重庆。万米高空，气团翻滚，挡风玻璃不断扩大的一道裂缝使得机长刘传健在生死关头展开一场与死神的赛跑，最终，他赢了，从飞行中发生事故到备降成功耗时 34 分钟。机长刘传健的操作后被相关部门模拟了十次，无一次成功。

机长刘传健在中央电视台《开讲啦》栏目中说："为什么机长的标志是四杠，而不是三杠？因为它代表的是专业、知识、技术、责任，而多的一杠就是责任。"

心中始终牢记"责任"二字，让他在处理险情时比别人更有担当。

出现安全问题，不能忽视员工的作用。按照事故致因理论和国内外的统计数据，90% 以上的事故是由员工的不安全行为造成的。

我认为企业的安全责任实际上就是岗位员工的责任。

2018 年 4 月，中共中央办公厅、国务院办公厅印发《地方党政领导干部安全生产责任制规定》，其中要求"地方各级党委和政府主要负责人是本地区安全生产第一责任人，班子其他成员对分管范围内的安全生产工作负领导责任。""实行地方党政领导干部安全生产责任制，应当坚持党政同责、一岗双责、齐抓共管、失职追责，坚持管行业必须管安全、管业务必须管安全、管生产经营必须管安全。"

此前，国务院安委会办公室印发《关于全面加强企业全员安全生产责任制工作的通知》，要求结合企业实际，建立健全横向到边、纵向到底的全员安全生产责任制，把安全生产责任落实到每一个企业、每一个岗位、每一个员工。

经过全社会的共同努力，中国企业遏制住了重特大事故频发的势头，生产事故数量有了明显下降，安全生产形势有了很大好转，但不平衡，部分地区、部分企业各类事故仍然时有发生，安全管理水平仍然有很大的提升空间。正如应急管理部印发的《"十四五"危险化学品安全生产规划方案》提到的目标那样，到 2035 年，危险化学品安全生产责任体系健全明确并得到全面落实，重大安全风险得到有效防控，安全生产进入相对平稳阶段，10 万从业人员死亡率达到或接近发达国家水平。各行各业与危险化学品生产企业相似，安全生产达到或接近发达国家水平任重道远。

企业中的每一个人应响应政府号召，落实安全责任，做一个有责任感的企业人，对自己负责，对家庭负责，对他人负责，对每项工作负责。

我的《第一管理》那本书，无论第一版还是升级版，每隔一页都在空白处印上大大的"责任"二字，就是为了提醒读者时刻注意，现代安全管理的科学基础就是责任。

肩负起安全生产的责任，是每个员工的最低职业标准。人力资源市场上，求职讲究可雇佣性，求职者是否具备安全意识和安全技能是可雇佣性的前提条件。

学习和执行是提高可雇佣性的重要措施。

只有学习，才能提高技能，才能明察秋毫，不放过一个隐患。

只有执行，才能把责任扛在肩上，才能让制度从"墙上"走进"心上"。

只有学习和执行，安全才有保障。

测验与思考

词语解释：

企业的社会责任

填空题：

_____和_____是可雇佣性的前提条件。

简答题：

1. 企业社会责任和核心竞争力的关系。

2. 安全和企业社会责任的关系。

思考题：

国务院为什么强调把安全生产责任落实到每一个员工？

第四节
安全连着你我他，防范事故靠大家——互联互保

我朋友的妻子每次晚上外出都要让丈夫陪伴。我笑话她胆小，她却说人在陌生环境或感到恐惧时，总是下意识地寻找伙伴，有伙伴在场，恐惧就会减轻，伙伴能带来安全感。

她是教心理学的，我知道，她是在用心理学的研究成果为自己"开脱"。

事实上，心理学的成果已经体现在安全管理上，企业界已经认识到员工之间的伙伴关系有助于实现安全生产。

安全伙伴关系是为了安全而建立起来的像伙伴一样的互助关系。安全伙伴可以是行业与行业，可以是企业与企业，也可以是企业内部的单位与单位。以下是几种典型的安全伙伴计划。

1. 行业安全伙伴

三百六十行，隔行不再如隔山，安全现实需要打破门户之见，共创和谐世界。香港铜锣湾工地 2 死 5 伤的天秤（塔吊）倒塌事故发生后，香港建造商会与香港地产建设商会合作推出"工地安全伙伴计划"。机械制造和建筑施工两个行业携手共同"策动业界提升职安健文化和安全意识"。

2. 企业安全伙伴

企业与企业之间不再是简单的竞争对手，更应该是安全上的合作伙伴。航空业已经树立了榜样：为消除安全差距，帮助发展中国家的航空公司达到运行安全标准，国际航空运输协会在 2005 年启用安全伙伴计划。最初在非洲，接着在拉丁美洲，随后在中东及俄罗斯，超过 100 家航空公司结为安全伙伴。

3. 专业安全伙伴

我曾经到中国宝武钢铁集团有限公司（以下简称宝钢）领略过他们的"大安全"管理，宝钢"大安全"管理中加入了一个新策略，叫"合作创造价值"，实施安全伙伴计划就是在同专业、同层次、跨区域作业长之间推行"安全伙伴计划"，组织开展专业小组活动，加强对薄弱环节的安全技术援助。

当然，我在企业见到最多的还是岗位与岗位之间的伙伴计划，因为企业员工之间本来就是伙伴。合作创造价值，伙伴保证安全。

企业是连接内外的合作平台。半成品和原材料来到这里，加上人工劳作，已经增加了价值，形成了新的商品。员工在企业里的情形也是一样，人们从各个家庭来到企业，付出劳动，获取报酬后回到家里消费。人流、物流、资金流和信息流像血液一样在企业里流通，一旦受阻或中断，企业就无法运转。

企业在运转过程中要接触到无数的个人、组织，有来自外部的，也有来自内部的。外部的叫客户，内部的习惯上叫单位和员工，其实他们都应该算作企业的客户。

员工是企业的内部客户，应该被视作最重要的合作伙伴。

海尔集团创始人张瑞敏的做法是，在海尔部门与部门之间、员工与员工之间建立明晰的客户关系。

沃尔玛百货有限公司曾经多次位列世界最大企业榜首位置。山姆·沃尔顿回答人们对其发展迅速好奇时说："秘诀就是把你身边的每一个员工当作合作伙伴。"

正如彼得·德鲁克所说："企业越来越需要采取管理'合作者'的方法管理'雇员'，而合作关系的定义也指出，在地位上，所有合作者都是平等的。"

当今企业与员工之间，员工与员工之间都应该是合作共生、利益共享的伙伴关系，就像 CCTV 曾经播放的一段《鸟鼠同穴》的动物共生关系。

海拔 4000 米的青藏高原天气变化无常。这里的鸟儿因无树筑巢，就栖息在洞穴之内。有一种褐背拟地鸦因久不飞翔，翅膀退化，双腿十分强健。它白天在外觅食，晚上钻进洞穴，并在洞内垒窝、产卵、育雏。而这洞穴为老鼠所造，里面也住着老鼠。

鸟鼠同居一穴，彼此相处和谐。老鼠在里面打洞，鸟儿为其站岗放哨。鸟儿有时站在鼠背上，啄食老鼠身上的寄生虫。

塔克拉玛干沙漠地区的鼠洞里生活着云雀、百灵。老鼠白天视力很差，鸟儿就用歌声报警，遇敌时通知老鼠及时逃回洞穴。

两种动物可以同穴共栖、和平共处，企业和内外部客户也是这种奇妙而有趣的共生关系。

在员工中建立伙伴关系，是企业安全生产屡试不爽的利器。

我在进行安全管理研究时考察了国内外的很多企业。日本不少公司提出建立安全的员工伙伴关系，其中典型的是在全体员工中贯彻以下三条提示语。

大家来发现，大家来解决。

伙伴的身体，靠伙伴来保护。

大家的安全，靠大家来维护。

安全伙伴在我国的企业中也不少见，最早是在煤矿行业出现。如今，全国倡导安全伙伴的企业不下百家，走到哪里都能见到安全伙伴互帮互助的身影。

形成安全伙伴，就是在管理上建立互联互保机制。

"安全连着你我他，防范事故靠大家"说的就是互联互保机制的极端重要性。

现实中，某些企业由于不重视互联互保，结果在安全生产上付出了惨痛的代价。员工在有毒有害气体泄漏的场所工作，需要佩戴呼吸器，还应该有人监护。可是，有位青工下夜班前在同事的注视下没有采取任何安全措施就独自去冲洗有氨气泄漏的现场，最后倒在了那里。企业的常务副总在事故后感叹："要是同事之间稍微有一点点关心和友爱，也不会出这样的事故。"为什么看到他人违章却没人阻拦？估计很多读者会和我一样感到奇怪。进一步调查发现，为了减少人工成本，这家企业简单地采取了"末位淘汰"的方式。正因为缺乏配套措施的末位淘汰制让员工觉得，别人违章可以减少自己被淘汰的可能。同事变成了敌人，安全伙伴从何谈起？！

互联互保机制内容丰富。一是"自保"，员工自己保护自己，这是安全生产的根基；二是"互保"，员工之间结成安全搭档，互相关心，互相帮助，互相监督，互相负责，共保安全；三是"联保"，个人保班组，班组保车间，车间保企业，再结合领导安全承包责任制、机关部门联保制等，环环相扣，纵横相联，保证安全。

安全互联互保，员工应该怎样做？

1. 要自保

自保是基础。生活中需要好伙伴，工作中也需要好伙伴。伙伴不能"拉郎配"，得有安全意识，有安全素质，别人才愿意跟你做伙伴。

2. 要真诚

无论员工之间是否签订安全伙伴合同，无论企业是否有连带考核奖罚措施，岗位员工都应该真正把同事当作伙伴。情同手足，才能祸福相守，患难与共。生活中的好兄弟、工作中的好朋友，才会变成安全上的好伙伴。

3. 要互助

安全伙伴不是一纸合同那么简单，要形影不离、时刻互助，结伴上班、结伴乘车、结伴行走、结伴操作、结伴防护、结伴排查、结伴监督、结伴下班、结伴学习、结伴活动。既然结伴，员工之间就要相互关照，对伙伴的安全负责。

安全伙伴经过一段时间以后需要在感情上升级。美国卡斯特钢管公司的员工更进一步，将"伙伴"上升一个级别，称为"家庭成员"。

"家庭成员"是"安全伙伴"的 2.0 版，对待伙伴就像对待家人一样，把彼此的安危时刻放在心上。

测验与思考

词语解释：

安全伙伴

简答题：

1. 为什么说企业员工之间本来就是伙伴关系？

2. 安全伙伴关系的三条提示语是什么？

3. 请用一句话说明安全互联互保机制的内涵。

思考题：

安全互联互保，员工应该怎样做？

第五节
操作之时顾左右，相互提醒够朋友——提醒安全

前些年社会上有一个词很流行，叫职业道德。最近又有一个新词汇出现，叫公司伦理。其实，说的都是一回事。

"不伤害他人，不被他人伤害"就是最起码的职业道德。"安全伙伴"就像亲情伦理一样，是公司伦理的必然要求。

员工们头顶同一片蓝天，脚踏同一块大地，置身同一个企业，相处的时间比和家人在一起的时间都长，是兄弟、是姐妹，携手共进，互不伤害，是团结友爱的安全伙伴。

安全伙伴最大的义务是什么？

我的观点是，安全伙伴互联互助，并不是要包办一切。每个人都有自己的安全责任，不能替对方代劳，自己的责任也不能随便委托给他人。即使是安全监护制，也不能越俎代庖。安全伙伴之间，经验分享是需要，相互监督是必要。但从普遍意义上来讲，最该做好的是提醒和关照。

单独驾车的司机如今也有了"安全伙伴"——安全带提醒装置SBR。无论是驾驶员，还是前排乘客，没有使用安全带时，这个装置就会发出鸣叫，提醒人们系上安全带。正因为它有提醒功能，避免和减轻了无数伤害，才有了"安全伙伴"的美誉。

可以说，安全伙伴，因为提醒的价值而存在。

提醒是义务，提醒是责任，提醒是关爱，提醒是幸福。

在这里，我有必要给岗位员工和安全管理者提个醒。

1. 调整心态，只要是善意的提醒，就应该接受

作家毕淑敏曾经写过一篇意味隽永的散文《提醒幸福》，列举了人们儿时都经历过的"提醒"：天气刚有一丝风吹草动，妈妈就说"多穿衣服"；才相识了一个朋友，爸爸就说"小心是个骗子"；取得了一点成功，所有关切的人一起说"别骄傲"！沉浸在欢快中的时候，不停地对自己说"千万不可太高兴，苦难也许马上就要降临……"

尽管毕女士一再说，父母朋友、圣人先哲总是"提醒注意跌倒……提醒注意路滑……提醒受骗上当……提醒荣辱不惊……"，就是忘了提醒幸福。

学步时提醒小心摔跤，天冷时提醒添加衣服，外出时提醒避免受骗，人生少不了提醒。诚然没有提醒，人也可能在磕磕碰碰中长大，但有了提醒，就可以免去许多伤痛。提醒代表着父母的关爱之情，何尝不是幸福？

家人的提醒招致作家的反感，而这种反感写成文章还能在读者中形成共鸣。这使我想起，为什么安全学习容易招致人们的反感，安全会议上的领导讲话，不就是一次次善意的提醒吗？

安全生产很简单，一是每个人用好劳动防护用品，二是按照制度规程做事。做到这两条，员工的个人安全就有保障，企业安全就有希望。我曾经在《第一管理》那本书里奉劝人们把每一次会议上领导关于安全的讲话都当作一次次善意的提醒、一个个亲切的关怀。员工只有听进去，记在心里，才会体现在行动上。

我的一位领导上任发表任职演讲时说："我虽然没有团结人的能力，但是我有被团结的素质。"在工作场所，每个人可能没有提醒别人的能力，但一定要有接受提醒的素质。安全要有保持开放的心态，团队安全从听得进提醒开始。

2. 善用提醒，改变生硬的管理方法，把提醒用于现场安全的全过程

安全管理上，监督是职责所在，检查是常规手段。发现问题后如果听之任之，不立即指出，就是玩忽职守，放纵事故。每一个有责任感的管理者和每一个有良知的员工，看到问题都不可能不说。问题如何说：有人遇到问题，火冒三丈，大发雷霆；有人遇事不慌不忙，和风细雨，润物细无声。他们都是在指出问题，方法不同，效果就大不同。

我在做安全培训时，曾告诉企业管理者有一种安全检查方式叫询问，还有一种安全管理方式叫请教。

当管理者发现一名工人把砖块摆放在工区通道上时，最好耐心询问为什么在地上摆放砖块？工人会说因为地上滑。

接着问为什么地上滑？会了解到是因为地上有油。

为什么地上会有油？因为机器漏油。

继续追问，机器为什么会漏油？得知是油管接头处漏油。继续问下去，油管接头处为什么漏油？最终答案就会出来，因为油管接头橡胶圈坏了。

询问式安全检查在日本叫作五步追究法，一般通过问五次"为什么"就可以发现病根并找出对策。通过询问可以提醒员工思考问题，比先入为主的一通批评更有助于解决问题。

安全管理上一些老大难问题，比如习惯性违章，也可以通过提醒得到彻底的解决。

不戴安全帽、不拿防护器材上岗是企业规章制度明令禁止的，很多人却依然我行我素，明知故犯。管理者发现后批评他，他会立即改正，当管理者离开后他会故态复萌。这个时候，管理者就要考虑换一种方式。

他不戴安全帽，管理者给他足够的尊重，向他请教：你在工地干多少年了？多少年不出事故真是不简单，有什么秘诀？他会说小心谨慎。管理者接着再请教，安全帽有没有作用，是不是该戴？他明白了必须戴安全帽的道理，管理者不再检查时，他也会认认真真地戴上。请教式安全管理在西方的企业中归类为有感领导。

询问和请教，实质就是提醒。

询问和请教在企业里对安全伙伴之间特别适用。员工虽然有互联互保的责任，但是并不具备批评和教育的权威，用询问和请教的口吻提醒，会收到意想不到的效果。

3. 提醒安全，提醒别人，也不要忘了提醒自己

提醒安全，很多人理解就是相互提醒、提醒他人，没注意到这

里面还有一层意思——提醒自己。

有个广为流传的故事，说的是提醒别人时往往很清醒，但能做到时刻清醒地提醒自己却很难。

一位老太太坐在马路边望着不远处的一堵高墙，总觉得它马上就会倒塌，见有人走过去，她就善意提醒："那堵墙要倒了，远着点走吧。"被提醒的人不解地看着她，然后依然大模大样地顺着墙根走过去了——那堵墙没有倒。老太太很生气："怎么不听我的话呢？！"又有人走来，老太太又是如此地提醒。

三天过去了，许多人从墙边走过去，墙并没有倒。

第四天，老太太感到有些奇怪，又有些不解，不由自主地走到墙根下仔细察看，然而就在此时墙倒了，老太太被掩埋在砖石中。

老太太的悲剧让企业思考一个问题：怎么对待安全提醒？

安全提醒，是团队安全时代的核心内容。作为当事者，员工既要乐于接受伙伴的提醒，又要善于提醒伙伴。但如果依赖伙伴的提醒，没有伙伴的提醒就忽视安全，就等于把自己的安全责任全部寄托在别人身上。

"自己安全自己管，依靠别人不保险"，员工还要切记时刻提醒自己，能够清醒地提醒自己才有资格和能力提醒他人。

提醒自己，是提醒安全的根基。

测验与思考

词语解释：

五步追究法

填空题：

_____和_____，对安全伙伴之间特别适用。因为，员工虽然有互联互保的责任，并不具备批评和教育的权威，用_____和_____的口吻提醒，会收到意想不到的效果。

简答题：

为什么说提醒关注是安全伙伴最大的义务？

思考题：

提醒安全，员工应该如何对待提醒？

第六节

管理选读：假如你是事故受害者

安全生产的重要，每个人都知道；事故伤害的可怕，每个人都不愿承受。可是，为什么社会上总有那么多人对安全掉以轻心，对事故不以为然？

身处企业里的人，都遇到过这样的情况：每当从文件或新闻报道中了解到灾难发生的过程和事故受害者遇到的问题，总是没有深刻的感受，像是一个远远的旁观者看着一些和自己不相关的事。很多人安全意识不强的原因就在于并没有设身处地、换位思考，没有想到假如灾难有一天降临到自己头上是什么后果。

越是你想不到的，事故就越会找得到。我本人的经历印证了这一点。

有很多人问我，为什么会走上安全管理研究的道路？我告诉他们，是意外，是因为一次意料之外的事故。

至今，我仍然能够回忆起那天上午的情形。灿烂的阳光将公路铺成了金黄色，谁都没有想到事故会突然降临。然而，安全有个特性，你忽略、怠慢它的时候，它总是不甘寂寞，总会有办法让你注意到它。这个糟糕的办法，就是事故。

我和同行的伙伴在车上有说有笑时，意外发生了。我被甩到了行驶道和超车道之间，我能意识到自己被移到了路边。很多围观的人在说话，我不知道他们在说什么，阳光刺痛了我的眼睛，眼前浮现出奇异的光芒。不知道什么时候我被抬到了救护车上，在车上我得知同行的伙伴中有一位当场遇难，永远地留在了那里。

事故发生之前，人们总想着与自己无关；事故发生之后，人们又总想摆脱。时间过去很久了，我一直想忘却，希望忘掉当时发生的一切，但是伤痛和疤痕留在我的体内，时时刻刻提醒着我，往事一直在我的心头萦绕，挥之不去。

这个世界的确很残酷，可以在一瞬间摧毁一个人所有的过去或未来。

在深圳市宝安区的一家医院，经检查，我锁骨粉碎性骨折，骶骨骨折，右臂臂丛神经损伤，前胸后背多处受伤。我躺在床上不能翻身，在医院里租了一个气垫床。前胸后背受伤处愈合很慢，每天医生过来给我换药，我总能听到"刺啦"的声音，在我的皮肤上撕扯，天天如此。

伤口的疼痛还在其次，一直仰面躺在床上，浑身酸痛的感觉更难以形容。我很想坐起来，但是不行。一天24小时我都躺在床上，常常迷迷糊糊睡过去，忽而又醒过来。很多次，很多次，我在梦中坐了起来，真真切切地感觉我从床上坐起来，非常真实，但是很快又被疼痛再次拉回到现实中。

我只能平躺着，无论是在病房还是在理疗室，无论是在麻醉间还是手术室，我眼前看到的永远是天花板。这个时候，我的胃也来捣乱。由于长时间躺在床上不活动，肠胃蠕动很慢，再加上服用的大量药物对胃部的刺激很大，我一口饭也吃不下去。亲人和朋友拿勺子喂我，我也只能吃一两口。吃饭是难题，排泄是更大的问题。卧床的病人很容易便秘，我也如此。家人把便盆放在我臀部下面时，我还有一个比其他病人更大的难处——因为骶骨骨折，我用不上力气，致使排泄每每失败。不得已，只有请护士们来灌肠。每次灌肠都让我感觉到没有一点做人的尊严……

遭受事故伤害的何止我一人。有一位和我有着同样经历的同行，也是在受到事故伤害后投身到安全工作中。

他叫杨国桢，35岁以前，他在一家知名的电机公司担任操作员，工作稳定，家庭美满。某年腊月十六的晚上，作为一名老工人，他在修理生产线机器时，由于过于自信忽略了安全检查，遭到3300伏高压的电击。他清楚地记得，那年春节他是在重症加强护理病房度过的。接下来的两年，他的右手动了16次手术。本来医生说他有三个手指要截肢，后来虽然勉强保住了，但是已经失去了手指的功能。

回到公司后，一次结果非常差的业绩考核让他觉得看不到未来。不得已，他拿了一笔退休金，离开了这家待了将近19年的公司。

重新找工作让杨国桢遭遇到极大的挫折。他印象最深的一次是应聘铲车司机，本来企业给他开出的月薪是28000元，但当对方看到他的手受过伤，就说："22000元干不干？"从此，他害怕找工作，害怕别人看到他的那只手，也害怕出家门，因为左邻右舍见了他就会问："杨先生，最近在干吗？要去工作呀？"

找不到工作的他只好摆地摊卖玩具。后来经济不景气，生意变差，陪伴多年的妻子向他提出了离婚。

离婚对当时的他来说是晴天霹雳。他带着儿子，开着一辆破车，带着几件衣服回到父母家。

杨国桢说，他曾经恨过妻子，但后来在工伤协会接触到许多工伤家属，才逐渐体会妻子当时的辛苦。当时她要做美发的生意，还要照顾孩子和因为受伤长期自怨自艾的丈夫；而他对于自己无法赚钱养家的苦楚，在男性自尊的包袱下也无法坦然地和另一半诉说……

杨国桢皮肤黝黑，体魄强壮，不仔细观察，根本看不出他是位事故受害者。了解他受伤时的感受、受伤后的处境和内心的挣扎，才会明白工伤人员"满天星是咱们的泪"的哀鸣，才会理解事故对于伤者的心灵创伤远大于肉体痛苦。

学习有多种方式：从别人的经验中学习，是幸福的；从自己的经历中学习，是痛苦的。安全是最不应该从自己的血泪教训中学习的。我和杨国桢等都是反面教材。这些年，我到政府、部队、企业、院校发表演讲，接受各类媒体采访，还有写作等，目的就是通过现身说法让更多的人真正理解事故对个人、家庭、社会带来的危害，明白事故给受害者带来的身心痛苦以及留给家属的心理负荷。

所幸，越来越多的员工从我等的痛苦经历中吸取到教训。企业界比当初我投身安全事业时更多地认识到反面典型的作用。埃克森美孚公司的炼油工查理就是西方企业的这类典型。

在埃克森美孚公司下属的一家炼油厂里，有着多年工作经验的老员工查理来上夜班，像往常一样独自完成一项操作。

这项操作中，不该省略的被省略了，接着起火爆炸。一瞬间，他失去了所有他原本拥有的一切，连同他的家庭和生活，他的自信与希望，统统被爆炸毁掉了。在长达 5 年的治疗中，老父亲经受不了打击撒手人寰，妻子离他而去，孩子被迫辍学。他身体超过一半的表皮组织烧伤，被包扎得像个木乃伊，去银行甚至被当成劫匪。

一个失误，一切变得不可接受而又不得不接受。

后来，公司让他做安全员，用他的经历教育每一个员工。他也因此被英国石油公司等邀请，讲述他的经历和感受，成为一个活教材。

事故受害者的心理创伤不是外人能够轻易了解的。

我注意到，事故受害者如果能够侥幸活下来，身体形象也会发生改变，甚至失去正常的生理功能，丧失劳动能力。身体形象的改变常常让他们远离人群，回避与他人接触，造成生活圈的封闭以及思想的狭隘，久而久之，越来越不能适应现实世界。一旦造成残疾，生活上的诸多不便需要花费更长的时间来调适，许多原本易如反掌的动作变得比登天还难，要在他人的协助下才能完成，这对自尊心打击非常大。受害者多是家庭收入的主要来源，家庭生计不仅在其受伤后受到影响，还要受到拖累，负担对其的照顾责任。

　　工伤事故受害者原本拥有健壮的身体，却意外地突然之间失去了正常的功能，心理的落差确实是常人无法想象的。

　　我希望所有人都能去设想、去体会事故受害者的伤痛、失落和无奈，感同身受，并尽可能地给他们以帮助，然后做好自己的安全防护，避免悲剧的再次发生。

测验与思考

　　填空题：

　　1. 安全有个特性，你忽略、怠慢它的时候，它总是不甘寂寞，总会有办法让你注意到它。这个糟糕的办法，就是_____。

　　2. 一个失误，一切变得不可接受而又_____。

　　简答题：

　　请回答身体形象改变或生理功能丧失对事故受害者心理的影响？

　　思考题：

　　请设想一下，如果你失去了一只手、一只脚或者再也听不见、看不见，你和你的家人今后的生活会发生多么大的变化？

做该做的事

LIFE FIRST

03

第三章
风险危害时时想，
胜过领导天天讲——危害辨识

第一节
企业身处风险包围的世界——全员风险管理

我每到一家企业、政府部门或部队单位做培训的时候，总是要了解他们的安全情况。在为北京军区装备部、西安空军工程大学等单位授课前后，我特意考察了军队的安全管理状况。

我经常说，每个人工作和生活在充满风险的世界里。这并不是我个人的见解。世界500强企业中的佼佼者英国石油公司就一再告诫自己的员工："在一个充满风险的世界及行业里……危害常伴左右，风险如影随形。"

要是这个世界没有风险该多好啊！

"人生不如意十有八九"，中国人早就知道，不可能天遂人愿。风险总是与生活和工作相伴而行。

1. 生活

人从牙牙学语、蹒跚学步，到背上书包去上学，父母叮嘱最多的是"小心"。三十多年前，我第一次去上海，听不懂上海话，但对街上行人和公交车乘务员一声声的提醒却听得很明白，"当心、当心"不时飞进耳朵，让我立时增加几分警觉。

每个人的生活中都不可能没有危险。即使有人哪都不去，只躲在屋里，如果房屋质量不过关，摇摇欲坠，随时都可能倒塌，还是有危险；出门上街，刮风下雨，巨幅广告牌也可能掉下；遇到红绿灯，一不留神，迈早了脚，就有可能被轧到；走过工地时，如果只顾向前，忘了看上面和脚下，不是掉入深坑，就是被砸到。

2. 工作

做生意有赔本的风险；种庄稼有遭遇自然灾害颗粒无收的风险；正常上班，路上会有风险，岗位上也有风险。所以，企业一再提醒"平平安安上班，高高兴兴回家"。能够下班正常回到家，就是件值得高兴的事情。

我儿子高中还没毕业的时候，利用假期打工，找了份酒店服务生的临时工作。我和他妈妈不放心，在他耳边唠叨，让他上班小心。他听多了就有些不耐烦，说做服务生能有什么事？干了半个月以后，他才知道家长说得有道理：同去的临时服务生要么碰破了手指，要么扭伤了腰。他因为提前接受了家庭安全教育，工作细心，才避免了伤害。

以下是生活中各类风险及发生概率，如表 3-1 所示。

表 3-1　各类风险发生概率表

风险事故	发生概率
死于手术并发症	1/80000
因中毒而死（不包括自杀）	1/86000
骑自行车时死于车祸	1/130000
吃东西时噎死	1/160000
被空中坠落的物体砸死	1/290000
触电而死	1/350000
死于浴缸中	1/1000000
坠落床下而死	1/2000000
被龙卷风刮走摔死	1/2000000
被冻死	1/3000000

其实，风险和危险是两个含义不同的词。

"明枪易躲，暗箭难防"，在战场上，你知道对方阵地在什么地方，什么时间开枪，这没有什么可怕。可怕的是，有人在你不知不觉的情况下朝你放冷枪，让你时刻感受到这种环境的危险。

你看到对方朝你开枪，是决定了的事实，不是危险，是正在发生的灾难。

危险是什么？是可能产生的潜在损失。

风险和危险不一样，风险是个更大范围的概念，它是危险事件出现的概率，表示出现危险的可能性有多大；风险也是危险出现的后果严重程度和损失的大小比例。危险是一个事实，是定性的东西；风险是可以量化的，能够用数字来表示。

风险管理是安全管理的主要内容。

安全的对立面不是事故，而是风险。如果企业仅仅把安全管理的重点放在事故上，那么只能说这是亡羊补牢，事后管理。只有把安全管理的重点放在风险上，有效地控制风险，科学地防范风险，才能避免事故，才符合安全管理的宗旨。管理风险、控制危险和预防事故，是企业安全管理的核心内容。

风险管理的第一步：正确估量风险

现在，国家要求工程设计和环保评价同时进行，即在工程设计之初就要考虑可能对环境带来的损害。风险评价是对企业所处安全风险的整体认识，是把不确定的可能损害概率精确化，风险评估一般由专业人士进行。

计算风险的公式如下。

$$风险 = 暴露频率 \times 严重性 \times 可能性$$

以下是部分活动的风险指数，如表 3-2 所示。

表 3-2　部分活动风险指数

活动	每年死亡风险	每百万人口死亡数目（人）
蜂叮	2×10^{-7}	0.2
雷击	5×10^{-7}	0.5
路上行走	1.85×10^{-5}	18.5
骑自行车	3.85×10^{-5}	38.5
骑摩托车	1×10^{-3}	1000
每天抽一包烟	5×10^{-3}	5000

风险管理的第二步：把风险的评价结果转换成可以认知的危险

这个步骤理解起来可能有些困难，我这里讲一个故事。

我国黄河以南的地区，屋子里一般情况下都没有暖气，冬天冷时很多人会在屋里生些炉火。有位父亲一直担心自己在炉火旁玩耍的儿子，生怕他会被火烧伤。面对如此大的风险，这位父亲对儿子开展了安全教育，但不到三岁的孩子根本记不住，还在炉子旁疯玩。父亲想了个办法，让小孩把手贴在炉子的外壁上。孩子的手刚放过去，就被烫得缩回来。这一下，孩子才知道水火无情，炉火是一种实实在在的危险，之后再也不敢离炉火太近了。

把风险转换成危险，在安全管理上尤其必要。员工对风险评价报告是没有兴趣的，也无法引起他们的警觉，而把抽象的风险概率表述成实实在在的危险，才是对某些员工的当头棒喝。

风险管理的第三步：实行全员风险管理，发动全员辨识危害

全员风险管理不是全面风险管理。企业经营管理的各个方面都被风险包围。全面风险管理主要是管理层的事情，而战略风险、财务风险、市场风险、运营风险、法律风险等各方面风险防范中，只有运营风险涉及每个岗位。全员风险管理就是让每个岗位上的员工主动参与对工作场所和工作行为的风险评估，并且在这一环节实现风险向危险的认知转换，即每个人都参与到辨识查找危害之中。

认识到工作生活的风险无所不在，每个人在全员风险管理中就要肩负起自己的责任。英国石油公司"黄金定律"中提出："个人对安全的要求完全合法，同时它还是一项长久的个人责任。每一位员工都应该能在一天的工作结束后安全回家，不受任何损伤。在一个充满风险的世界及行业里，要实现上述目标，需要每个人都牢记安全的重要性，肩负起每个人的责任，并深知应该如何行事。以下是一些简单的关于安全的黄金定律，能够提供基本的安全指导。每一位员工都要仔细阅读它们并按理行事。每个人的安全都需要大家随时随地、坚持高标准地遵循这些定律。"

达尔文进化论有个说法，叫"适者生存"。在充满风险的环境中，对"适者生存"的理解可以进一步确定为"惶者生存"。

"惶"是惶恐的"惶"，只有知道害怕，才会诚惶诚恐，小心翼翼，规避风险，才可以在充满风险的世界求得生存。

测验与思考

词语解释：

1. 危险

2. 风险

填空题：

风险 = _____ × 暴露率 × 概率

简答题：

1. 什么是全员风险管理？

2. 英国石油公司"黄金定律"的具体内容。

思考题：

在充满风险的环境中应该怎么做？

第二节
意识不到危险，才是最大危险——泰坦尼克号启示录

迄今为止，死亡人数最多的海上事故，当是泰坦尼克号的沉没。

在看过电影《泰坦尼克号》以后，这起事故引起了我的兴趣。经过对比分析大量的资料后，我的结论是，泰坦尼克号必然会沉没！

结论分析如下。

1. 建造完成之时，人们认为它"永不沉没"

20 世纪初，英国白星海运公司投资建造了当时世界最大最豪华的一艘客船——泰坦尼克号。这艘巨无霸排水量达 46000 吨，是当时世界上唯一超过 4 万吨的客轮。船长约 269 米，最大宽度约 28 米，舵重超过 100 吨。

让当时人们钦佩的还有它的安全设施。泰坦尼克号内部有 16 个防水室，是利用水密室结构建成的。这种水密室可以利用电气或人力，将浸水的危险程度降到最低限度。换句话说，在这 16 个防水室中，如果有一两个浸水，那么巨轮依旧会安然无恙。

这就有点本质安全意味，这艘当时世界上最大的豪华客轮被称为"永不沉没的梦幻客轮"。

"就是上帝亲自来，他也弄不沉这艘船。"

——幸存者、二等舱女乘客西尔维亚·考德威尔记得一个船员在航行中亲口对她说过这样的话。

2. 航行中，只追求速度，忽略了风险

1912 年 4 月 11 日下午，满载 2208 名乘客和船员的泰坦尼克号开始了它的处女航。

当时正是大西洋上冰山成灾的季节。巨大的冰块，由格陵兰的冰河流出，乘着直布罗陀海流南下大西洋。由于这时的气温乍暖还寒，而且这些冰山的大部分都隐没在寒冷的海水中，所以极难融化。它们只露出一小部分，在洋面上漂荡游弋，黑暗中很不容易发现它们。疾驰的船只如果撞上它们，就等于触礁，顷刻之间便可酿成覆舟之灾。

根据我所有的经验，我没有遇到任何……值得一提的事故。我从未见过失事船只，从未处于失事的危险中，也从未陷入任何有可能演化为灾难的险境①。

---

① 〔美〕纳西姆·尼古拉斯·塔勒布：《黑天鹅——如何应对不可预知的未来》，第 1 版，万丹、刘宁译，北京，中信出版社，2008。

这些话竟然出自泰坦尼克号号称经验丰富的老船长爱德华·史密斯之口，在他的意识深处压根儿就没有危险的概念。

随船的公司董事长勒留斯·伊司梅衣为了夺得"大西洋蓝带"的荣誉，以压倒竞争对手"古娜"轮船公司，坚持要求高速行驶。装备优良的船只和平静的海面，更给了泰坦尼克号高速航行的理由。

3．集体忽视危险存在，事故就不可避免

泰坦尼克号是撞上冰山沉没的。那为什么就发现不了冰山？

我找到了被电影《泰坦尼克号》省略的一个细节：守望员借助望远镜原本是可以及早发现冰山的，但泰坦尼克号原先的二副在船只启航前突然被调离，他忘记留下钥匙。接替者无法打开橱柜，拿不到望远镜。结果，守望员只能凭肉眼进行观测。

即使守望员发现不了冰山，泰坦尼克号本来还有机会逃过一劫。因为，航行在该海域的英国邮船卡罗尼亚号发现冰山并绕了过去，并随即给泰坦尼克号发去一份电报："向西去的船只通知，在北纬42度、西经51度的海域中有冰山。"然而电报没有引起船长的重视。晚上19时30分和21时40分，加利福尼亚号轮船和美莎巴号轮船也先后发现冰山，它们都顺利地绕道而过。22时40分，加利福尼亚号给泰坦尼克号发去一份急电，并发出危险的警告，但泰坦尼克号报务长竟没有心思听完这份电报——他和他的助手一整天就为了优厚的小费，忙着给乘客拍发私人电报，报告他们悠闲的海上生活，以及通知安全抵达目的地的日期。

在 4 月 11 日至 4 月 14 日之间，泰坦尼克号收到其他邻近船只发出的警告共计 21 次，但从船长到船上的每个工作人员都忽视了危险的警告。

至此，泰坦尼克号的悲剧注定要发生了。

23 时 40 分，由于船速太快，泰坦尼克号撞上了冰山的水下部分，船的右侧被撞开一道将近 90 米长的大裂口，从前尖舱直达锅炉间。海水汹涌而入，猛烈地撞进巨轮的内部，16 间防水室有 6 间被撞坏，尽管采取了紧急措施——关住水密室装置，但终究因占总数三分之一以上的防水室受损进水，沉船不可避免。根据最后的调查统计，从救生艇上获救的总共只有 695 人，不到全部人数的三分之一。

号称"永不沉没"的泰坦尼克号，用 1513 名乘客和船员的生命作为代价告诉世人一个道理：意识不到危险是最大危险。

企业里常常说"紧绷安全这根弦"，安全意识的内容很多，那么，"安全这根弦"指的是哪根弦？它指的就是风险意识。"紧绷"，就是时时刻刻要意识到危险的存在，不可掉以轻心，麻痹大意。

分析泰坦尼克号沉没的教训，可以发现，危险之所以容易被忽略，有以下 3 个方面的原因。

1. 迷信设备，过分依赖

随着本质安全理念在设计制造领域的推广，设备的安全性增强，人们对设备的依赖程度也越来越高。也正因为如此，人们放松了对自身的要求。人们之所以把泰坦尼克号看作是"永不沉没的梦幻客轮"，是因为这艘船在当时的技术条件下达到了顶峰。可是在今天看来，那时的钢材质量很不过关，钢材里含有气泡，简直就不能作为制造轮船外壳的材料。

现在人们自以为是地认为某些设备万无一失，但过若干年再看，就会发现是多么的不堪一击。人们永远不能对设备抱有幻想，正是希望越高，失望越多。

2. 心存侥幸，忽略危险

船长爱德华·史密斯虽然意识到危险，但是为了争夺"大西洋蓝带"的荣誉，就需要高速航行。平静的海面，再加上配备优良的船只，让他在速度和安全之间做出了错误的选择。侥幸心理在人们心中是普遍存在的，而在安全生产中恰恰是最要不得的。只要有侥幸心理存在，当风险和收益需要权衡时，就会只关注收益，而忽略风险，尤其是在看似风平浪静，实则危机四伏的时刻，危险总是会被人们忽略不计，甚至连基本的应急措施也不去准备。

3. 不负责任，拒绝警示

很多事故的发生并非没有征兆，只是这些警示，被忽略、被轻视、被拒绝接受。在 5 天的时间里，泰坦尼克号收到其他邻近船只发出的警告达到 21 次，但从船长到船上的每个工作人员，都一而再，再而三地忽视危险的警告，这可能显得极端了点。但是，企业很多事故在发生之前，都有隐患存在，上级领导或专业部门三令五申要求查找隐患，或者限期整改，但当事人要么置若罔闻，不予理睬；要么敷衍了事，草草对付。其结果就变成了不可避免的事故。

你忽视危险，危险就会主动找上门！

测验与思考

简答题：

1. "紧绷安全这根弦"指的是哪根弦？

2. 泰坦尼克号沉没最大的原因是什么？

思考题：

1. 危险为什么容易被人们忽略？

2. 为什么人们不可依赖设备的安全性？

第三节
麻痹大意，事故亲戚
——危害万年的事故何以发生？

在这个世界上，有一种心理叫粗心，有一种状态叫大意，有一种病症叫麻痹。

它的结果很苦涩，三国时期关羽就曾品尝过，从此人们知道了这个典故——"大意失荆州"。

虽然千百年来，关羽老将军的教训一再提醒着人们，不要麻痹大意，可是，很多人并没有牢牢记取，时刻警醒，而且不断地有人重蹈覆辙，犯同样的错误。

民间有句俗语，"淹死会水的，打死会拳的。"不会游泳的人，根本就不下水；不会三拳两脚的人，也根本不会去挑战。会游泳的被淹死，会武术的被打死，多半是他们麻痹轻敌、粗心大意之故。

当人们无视危险，粗心大意，必然会招致事故。

中华人民共和国成立以来最严重的一次森林火灾，于 1987 年 5 月，在黑龙江省大兴安岭地区蔓延。这次大火不但使得中国境内的 1800 万英亩（相当于苏格兰大小）的面积受到不同程度的火灾损害，还波及了苏联境内的 1200 万英亩森林。而第二年发生的美国黄石公园大火，受灾影响范围则约为 150 万英亩。大兴安岭火灾受灾面积相当于美国黄石公园大火受灾面积的 20 倍。

火灾发生时，我工作不太忙，能够天天看央视的新闻联播，连续半个月都能见到大兴安岭火势的报道。看着就很揪心，大火持续燃烧了 28 天，烧掉了五分之一的大兴安岭。这起让全国人民心头蒙上阴影的事故，起火原因是一位林场工人启动割灌机引燃了地上的汽油造成的，而他灭火时只灭掉了明火，却粗心地放过了暗火、残火。

迄今影响最为深远的一次事故，要数美国"铱 33"商业通信卫星和已报废多年的俄罗斯"宇宙 2251"军用通信卫星在西伯利亚北部上空相撞。说这起事故影响最为深远，是因为其对人类的影响绝非一天两天、一年两年，两颗卫星的残骸将给其他航天器造成永久性的安全威胁。时任俄罗斯航天任务控制中心主官索罗耶夫估计，残骸会在地球轨道上滞留一万年！

事故是怎样造成的呢？美军最初羞答答地宣布，军方在计算商业卫星轨道时发生了小错误。随后，时任美国参谋长联席会议副主席卡特·怀特上将承认，"这次卫星相撞确实有美国粗心大意之处。"

让人难以置信，影响人类一万年的事故，起因竟然会是一个小小的计算错误。

诸位或许会觉得，那些大事故离自己很远；你可知道，因为粗心大意造成的事故，在工作生活中也层出不穷。

梁启超，中国近代史上的著名人物，就是因为经受了一场医疗事故而过世。1926年他肾病住院，手术医生竟然将他健康的右肾割掉，反而留下了溃烂的一个。这便是轰动一时的"梁启超被西医割错肾案"。

此事过去了很多年，麻痹大意，左右不分的荒唐医疗事故，又一再重演。

湖北咸宁市通城县的赵荣彬老人摔伤右腿，县中医院把原本健康的左腿打上了厚厚的石膏、绷带，拧进一根85毫米的鹅头钉，植入了一块钛合金钢板。手术通知书时错将"右"写成"左"，主刀医生、助手、器械师、麻醉师等5个人，竟无一人检查核对。

广西壮族自治区合浦县山口镇72岁老人做右肾取石手术，北海市人民医院主治医生、助理医生、麻醉师等人对手术部位进行严格核对，中途对输尿管插导管改变体位，在场人员没有再次核对，左右搞错，事情暴露，医生降职。

这类事件，不仅中国发生过，国外也不少。

住在美国宾夕法尼亚州的史蒂文·哈内斯右侧睾丸持续疼痛，于是到当地的 J.C. 布莱尔纪念医院就医，医生错把健康的左边睾丸给切除。

2021 年 5 月，在奥地利靠近捷克边境的一个小镇福瑞塞克，82 岁的老年患者原本需要做左腿切除手术，外科医生标记了另一条腿，截肢手术犯下严重错误。院方立即承认失误，马上安排，截另一条腿，这次绝对不会再截错。

这些医护人员怎么会左右不分？他们能不知道左右吗？他们需要好好治治缺少事业心、责任心，麻木不仁、粗心大意的老毛病。

这类心不在焉、马虎莽撞、粗心大意的毛病引发的事故，企业里比医院发生的还要多得多。

有一个变电站发生的事故，和医院"左右不分"异曲同工，成了电力行业流传的一个"经典"。

一条线路要恢复送电，按程序应该先合上隔离刀闸，站控制室离高压室有两米远。站长刚好在控制室，尾随监护操作人员。电力企业规定，操作时要有操作人和监护人，这次再加上站长监护，应该是双保险了。

他们要去 10 千伏高压室，前面一个人走错了间隔，后面俩人看也没看就跟了进去。走错了房间，看到刀闸是合上的，对照操作票上的要求也应该醒悟。但是，他们谁也没有去看操作票，合刀闸变成了拉刀闸。有闭锁拉不开，站长"好气魄"，竟然命令一人拿锤子将锁砸掉，带负荷拉刀闸。

结果不用说，造成了很严重的事故。

只要患有心不在焉、马虎莽撞、粗心大意毛病的人都该彻底地治疗。因此，我开了3剂"药方"。

1．树立严谨认真的作风，不放过任何一个细节

如果注意到 99% 的细节，放过了 1%，但这 1% 就有很大的风险。麻痹大意，出现 1% 的缺陷，大型机场每天就会发生 4 至 5 起事故，全世界每小时就会丢失 20000 件邮包，每周会做错 5000 例外科手术，每年有 200000 张处方配错药。

"魔鬼"就在细节中，危险也就在细节中。

2．给自己添加压力，时刻保持清醒的状态

我在 2003 年第 4 期《读者》卷首语中看到过"两根沉木条"的故事。

有一位游客迷了路，左转右转也找不到方向。正当他一筹莫展的时候，迎面走来了一个挑山货的美丽少女。

少女带着游客抄小路往山下赶，来到一处险要之地，少女说："先生，前面一点就是我们这儿的鬼谷，是这片山林中最危险的路段，一不小心就会摔进万丈深渊。我们这儿的规矩是人们路过此地，一定要挑点或者扛点什么东西。"

游客惊问："这么危险的地方，再负重前行，那不是更危险吗？"

少女笑了，解释道："只有你意识到危险了，才会更加集中精

力，那样反而会更安全。这儿发生过好几起坠谷事件，都是迷路的游客在毫无压力的情况下一不小心掉下去的。我们每天都挑东西来来去去，却从来没人出事。"

游客不禁冒出一身冷汗。没有办法，他只好接过少女递过来的两根沉沉的木条，扛在肩上，小心翼翼地走过这段"鬼谷"路。

两根沉木条，在危险面前竟成了人们的"护身符"。

这个故事告诉人们，比危险更可怕的是没有压力，麻痹大意。

3. 无论顺境逆境，平地还是险境，都不要放松警惕

冯道是五代时期和北宋初年的大官僚。他有次奉命出使中山，路过山路险要的地方，怕马蹄失足，所以不敢懈怠放松，安全通过；等到了平地，自认为没有什么可担心的了，结果却跌倒受了伤。后来当了朝中大臣，他以此提醒皇上："凡蹈危者虑深而获全，居安者患生于所忽。"意思是，大多身处险境的人都能深思熟虑而获得保全，而身处安逸中的人，他的祸患都是来自所忽略的事情。

居安思危，时时留心，才能处处顺心。

小心驶得万年船。人们在工作中，需要认真、认真、再认真，细心、细心、再细心。

测验与思考

简答题：

1. "大意失荆州"说的是一个什么道理？

2. 注意到 99％ 的细节，放过了 1％，会有什么危害？

3. 请说明"凡蹈危者虑深而获全，居安者患生于所忽"这句话的意思。

思考题：

人们在工作中应如何消除麻痹大意的毛病？

第四节
只要上岗，集中思想；
工作再忙，安全勿忘——态度好才是真的好

"只要上岗，集中思想；工作再忙，安全勿忘。"这句安全警语，说得非常有道理。员工工作时思想不集中，分神的后果，就是忽视存在的风险。工作一忙，很容易只顾紧急的事，而忽视安全。

很多人以为发达国家设备的安全性高，其实，再好的设备，如果操作人员的思想不集中，都会出事故。套用一句广告词，"设备好不如态度好，态度好才是真的好。"

纽约州布法罗机场曾发生了一起空难，最初报道是气候原因。虽然救援人员在失事飞机表面多个部位发现了结冰现象，但就在本次事故发生 27 分钟后，一架同型号的飞机在此平安降落，没有发生任何问题。可以据此判断，当时气象条件并没有恶劣到"威胁飞行安全的程度"。此外，出事飞机在起飞后 11 分钟，就打开

了机身表面的除冰设备，并没有违反相关操作规程。

那么，出事的原因是什么？

后来调查发现，当这架飞机接近布法罗机场时，速度过低，操作系统发出了"失速警告"。根据操作规程，飞行员应该先将机头压低，然后前进加速，才能摆脱危险状态。可是，机上两位"老资格"飞行员可能过于急切，或者是手忙脚乱，忙中出错，直接将机头拉高并加速，结果反而造成飞机"失速坠地"。

气候、设备都没问题，忙中出错成了飞机失事的罪魁祸首。

管理措施再严格，如果手忙脚乱，也会滋生祸端。

众所周知，核工业安全管理的标准一直高于其他行业。但日本茨城县那珂郡东海村 JCO 公司的一座铀转换厂发生的核临界事故，却又有几分蹊跷。

第一次错误：日本 JCO 公司所属的第三铀转化厂工人在制造硝酸铀酰过程中，为了缩短作业时间，省略了操作规程中"5"和"6"两个工序，使用不锈钢水桶进行操作。

第二次错误：把不锈钢水桶中浓缩度为 18.8％的超过铀临界量的硝酸铀酰溶液倒入沉淀槽中。正是由于超出了铀临界量，沉淀槽中的物料发出蓝光，辐射监测报警铃立即鸣响。

第三次错误：随后，几名当班的工人又手忙脚乱地开错了装置，结果使大量的放射性气体逸入东海村上空。

第四次错误：事故现场 59 名工作人员受到不同程度的 γ 外照射和中子照射，需要紧急送往医院。电话却打到了东海村消防队，内容是：有急病人，请派救护车。工人没有说明发生了核辐射事故，急救队员不知实情，部分急救队员没有穿防护服就进入事故现场而受到了辐射。

……

事故发生 3 分钟后应急人员到达现场。事故发生 44 分钟后，日本科技厅接到事故报告，成立应急对策指挥部，紧急召集有关部门专家会议，研究事故情况、提出处理方案和办法。事故发生 2.5 小时后，政府成立了以科技厅长官为首的政府对策指挥部。事故发生 10 小时后，日本政府成立了以首相为首的特别工作组，处理这次临界事故。

但无论后期如何努力，都无法弥补此前现场人员的一错再错。

上面的两起事故有一个共同点，就是忙中出错。所有人都一样，没有章法，或者不按章法，一忙就容易乱，所以才叫"忙乱"。

我在培训中曾做过一个游戏。假设你一个人在家，电话铃响了，你刚准备去接电话，有人敲门。你准备去开门，床上的孩子又哭了。你准备去抱孩子，厨房里烧开水的壶鸣哨，水开了。你还没想好要不要到厨房关燃气开关，外面打雷下起了雨，衣服还在阳台上晾着呢。

几件事，样样都很紧急，哪一样不办都有后果。电话不接，不知谁打来的；门不开，客人就可能等急了；孩子哭了不管，很可能就要尿床；厨房炉子不关，烧开的水扑灭火，就会引起一氧化碳中毒；阳台衣服不收，下雨天就会没有干衣服换。怎么办？

这个游戏做不好，就会顾此失彼，忙中出错，出现损失。

大家经过研究讨论后，找到了解决问题的答案。先接电话，告诉他："请稍等。"放下听筒，立即去开门，说声："对不起，请先帮我照顾孩子。"然后，直奔厨房，水可以先不灌，关上阀门，去阳台收衣服。把衣服拿进屋，再接电话解释。接下来，灌开水，给客人沏茶，抱孩子，与客人寒暄。一切搞定。

从这个例子可以看出，之所以忙中出错，就在于没有程序，或者有程序不执行程序。严格按照程序进行，就会避免各种失误的发生。

工作中，人们要做到如下几条。

1. 做好准备，熟悉预案，避免手忙脚乱

有个成语叫有备无患，准备越充分，越能避免祸患。

准备分为知识的准备和物质的准备两方面。平时，人们要多学习业务，掌握操作规程，知道哪些能做，哪些不能做，该怎么做。工作时，人们穿戴好各种劳动防护用品，正确使用劳动防护用具，准备好工作所需的各种器材。积极参加各种事故预案演练，提高自己的应急处理能力。

有备而来，心里才踏实，行动才不慌乱。

2. 严守程序，绝不逾越，杜绝乱中出错

近年来，医疗事故上升，主要原因是和某些医护人员行为不规范有关。

在企业里，要求各种资料填写的字迹工整，有些还要求必须写

仿宋字。可是，医生们写字普遍龙飞凤舞，不知道其他病人怎么样，我多数情况下是认不出他们写的是什么内容。填写病历时，不少医护人员习惯性漏项。"急性阑尾炎"五个字写成"急阑"，一下省掉三个字。再一忙就出错，写成"急炎"，后面很可能就会发生事故了。

同样，日本 JCO 公司核临界事故中，第一错就错在不该省略规定的工序。

3. 使用防错方法，避免容易出错

我虽然举了日本核工业的事故例子，但并没有抹杀日本企业整体的安全管理水平居于世界前列的事实。日本企业倡导的防呆法，又叫愚巧法，对现代社会工业企业做出了很大贡献。

所谓防呆法，意思是就是蠢笨的人也不会做错。比如电脑连接线很多，每个插槽都不一样，插错了就插不进去，就可以避免插错。

为了防止在工作中忙中出错，员工除了做好准备，集中精力之外，自己还可以用防错方法对工作进行改进。

测验与思考

词语解释：

防呆法

填空题：

1. 做好准备，熟悉＿＿＿＿＿＿，避免手忙脚乱。

2. 严守＿＿＿＿＿＿，绝不逾越，杜绝乱中出错。

简答题：

员工在什么情况下容易出现忙中出错？

思考题：

员工在工作中如何避免忙中出错？

第五节
岗位危害我识别，我的安全我负责
——发现隐患是成绩更是能力

　　某报纸上有一条标题为《施工请来群众监督，发现隐患可获重奖》的消息引起了我的注意。这则消息报道的是某项目部聘请几名熟悉施工现场、分布在一线施工关键岗位上的农民工，做起安全生产监督员，不但每月给他们发津贴，当他们及时发现施工安全隐患，还将获巨额奖励。

　　这种做法可能会有效果，能够发现一些隐患。

　　我有个疑问，其他施工人员还有没有辨识危害、查找隐患的责任？会不会把全体人员的安全责任都寄托在这几个人身上？

　　类似的做法还有，某厂有一位员工发现了一处隐患，获得厂里的重奖。颁奖时，厂长说：“希望你再接再厉，用你的‘火眼金睛’揪出厂里的每一处安全隐患！”

我不反对重奖，发现隐患及时报告的行为本来就该奖。我想说的是，该厂长的话"用你的'火眼金睛'揪出厂里的每一处安全隐患"，也真是太难为这名员工了。谁有那么大的本事？仅仅火眼金睛还不行，还需要分身有术，才能包办全厂所有的隐患。

所有管理者和全体员工都应该明白一个问题——危害辨识到底该由谁来做？

安全生产，谁在生产？全体员工在生产。全体员工既然是生产的主体，也是安全风险的主要承担者。还记得本章开头引用的话吗？"我们企业身处风险包围的世界中。"风险伴随在生产中的每个环节，每个操作步骤中，危害自然也存在于每个岗位中。岗位员工与风险最接近，也最容易发现身边的危害。

所以，企业里的每个岗位、每个员工都应该承担起危害识别的责任。安全监察管理人员，只能是全员风险管理中的辅助和支持。

企业在做全员风险管理的一个重要的标志，就是要发动全员进行危害辨识。员工参与得越多，危害识别就越全面，全员参与，才能不留死角，也才能全面防控。有句广告词"我的地盘我做主"，企业也应该在员工中提倡，岗位危害我识别，我的安全我负责！具体实施方法如下。

1. 人人要重视危害识别，要知道不识别危害，最终会被危险所害

不要说机器设备这些钢铁之躯，有些时候，因为人们的疏忽，一草一木都会后患无穷。

在郊外，我发现有种植物远看上去结的是麦穗，走近旁一看，发现是麦穗状金黄色的小花。庄稼地里不长庄稼，成片地长着这种小黄花。问了几个人都叫不上这种花的名字，后来我问到一个农业技术员，他告诉我，这种花没有名，本来长在加拿大，来到中国后，人们就叫它"加拿大一枝黄花"。

当我问到种植加拿大一枝黄花的效益时，对方的回答出乎我的意料，这是一种入侵植物，并非农民有意栽种。

原来，不引人注目，连名儿都没有的一枝黄花，20世纪就被人带进了中国，作为庭院花卉在上海、南京一带栽培。谁都不在意的一枝黄花，后来"逃逸"到自然环境中，经过漫长的潜伏期，逐渐适应了华东地区的气候、地理环境，开始迅速扩散。一枝黄花善于争夺养分，它生长密集的区域，别的植物荡然无存。上海市所辖区域一枝黄花危害面积曾达到5万亩以上。上海一枝黄花的故事并不是终结，西南边陲的云南、地处中原的河南近来都遭受到一枝黄花的入侵。

因为人们没有意识到无名黄花的危害，疏于防范，竟然使其蔓延到和庄稼争地盘的程度。

如果人们做好了危害识别，提前进行了准备，那么即使浓度达98%的硫酸溅到身上，也会安然无恙。南京一家储运队有一次进行疏通浓硫酸管道作业，需要将沿途可能阻塞的管道法兰拆开。在拆开距罐区500米外一个火车灌装台上的法兰时，浓硫酸突然流了出来，溅了一位员工一身。

值得庆幸的是，他们进行了"施工作业前 5 分钟危害识别"，施工作业前，他们互相检查了防酸衣、面具、手套、工器具等，每到一处他们先确认安全通道、接好冲洗水源等，所以他们才有条不紊地处理了这起突发事件，全队人员毫发无损。从那以后，该储运队的每个员工都自觉地开展危害识别，不论任务多紧急都会雷打不动地进行。

2. 善于学习，掌握工具，具备发现危害的能力

有一次我路过武汉，在一处办公楼前发现了一幅消防宣传标语："发现火灾隐患是能力，更是政绩。"

当然，政绩是对各级政府说的，对于企业也应该树立这样的认识：发现隐患是成绩，更是能力。是成绩就需要肯定，是能力就需要学习。进一步总结为一句话："发现不了隐患也是隐患，而且是致命的隐患。"

为了消除这个致命的隐患，人们必须学习。如果不学习，危害识别时就如隔靴搔痒，蜻蜓点水，盲人摸象，只会埋下隐患。

（1）要知道危害识别必须解决的 3 个问题。

① 存在什么危险源？

② 伤害怎样发生？

③ 谁会受到伤害？

（2）要会用危害识别的基本方法。员工参加安全活动时，应熟悉企业发放的各种危害识别表格，会使用，会正确填报。

（3）要掌握原材料物性和设备工作原理，对各种异常情况，员工能够根据工作原理作出正确判断。

3. 时时处处，识别危害，不给隐患以可乘之机

危害识别讲究时时处处，是个时间和空间的概念，这里重点谈谈时间。

全过程识别包括 3 个时间段。

作业前，员工要根据作业任务进行全面识别，进行事故预想，按照流程进行巡回检查，做好应急准备。

作业中，员工要兼顾生产和安全的关系，不放松警惕，不麻痹大意，不放过任何一个疑点。水钢集团员工林峰，就是在生产过程中保持警觉发现重大隐患的。13 号行车浇铸渣罐作业时，他在声音嘈杂的现场听见 13 号车大梁处有细微的异常声音，发现大梁上腹板有条细线一样的纹路。后来经检查确认，是个裂纹，如不及时发现，主梁上腹板就有断裂的危险。工作当中，员工要用眼睛，用耳朵，甚至鼻子，不能对异常情况及危害充耳不闻，视而不见。

作业后，要仔细检查，不给接班人员或者自己明天的工作留下隐患。日本企业推行的 5S 管理，开展以整理、整顿、清扫、清洁和素养为内容的活动，在作业后要做好整理、整顿、清扫、清洁的工作，所用的材料、工具，哪些还要用，哪些不再用，都要进行整理归类。一些企业可能没有推行 5S 管理，但是，"工完、料净、场地清"的传统还是要坚持的，收拾整理、打扫干净是无论哪一个企业都必须坚持的。

毕竟只要有条不紊，隐患就无处藏身。

测验与思考

填空题：

1. 风险伴随着每个生产环节，每个操作步骤，_____自然也存在于每个岗位。

2. 岗位危害_____识别，我的安全_____负责！

简答题：

1. 危害辨识到底该由谁来做？

2. 危害辨识必须解决的三个问题是什么？

思考题：

如何进行全过程的危害识别？

第六节
管理选读：工作安全分析

工作安全分析（JSA），又称作业安全分析，是由美国葛玛利教授1947年提出，被目前西方企业界广泛应用的一种风险管理工具，它是有组织地对存在的危害进行识别、评估和制定实施控制措施的过程。

组织者指导岗位工人对自身的作业进行危害识别和风险评估，仔细地研究和记录工作的每一个步骤，识别已有或者潜在的危害。然后，对人员、程序、设备、材料和环境等隐患进行分析，找到最好的办法来减小或者消除这些隐患所带来的风险，以避免事故的发生。

一、工作安全分析和其他安全管理工具的区别

（1）风险管理细化到每一具体作业。

（2）由作业者本人管理自己作业中的风险。

（3）通过参与对工作安全分析的编写、讨论、沟通、遵守及修订，提高员工对日常作业中的风险及控制方法的认识。

二、实施工作安全分析的基本流程

（1）选择需要分析的工作；

（2）把工作分解成具体工作任务或步骤；

（3）观察工作的流程，识别并评估每一步骤相关的危害；

（4）确定预防风险的控制措施。

三、工作安全分析首先要选择需要工作安全分析的作业

一个有效的工作安全分析程序，会帮助员工选择和优化需要分析的作业。根据作业面临的潜在隐患的多少和风险大小，对工作进行分类，下面的因素可以在为工作分类的时候加以考虑。

（1）事件频率。在之前开展该类工作的过程中重复发生事件的次数，将决定工作安全分析的优先级别。

（2）事件的严重性。发生事件导致损失工作日或者导致医学治疗后果的，将决定该工作安全分析的优先级别高低。

（3）新工作、非日常工作或者工作发生变化。由于这些工作是新的工作或者与原来的工作不同，那么事故发生的可能性就会大大增加。

（4）在一段时间内员工需多次重复接触隐患或者暴露于隐患之中，该项作业需要进行工作安全分析。

对日常的关键作业进行安全分析也应该考虑以上原则。至少以

下的作业需要进行工作安全分析。

（1）无程序管理、控制的工作。

（2）新的工作（*首次由操作人员或承包商人员实施的工作*）。

（3）有程序控制，但工作环境变化或工作过程中可能存在程序未明确的危害，如：可能造成人员伤害、有毒气体泄漏、火灾、爆炸等。

（4）可能偏离程序的非常规作业。

（5）现场作业人员提出需要进行安全分析的工作任务。

工作安全分析小组通常由 4～5 人组成。需要有不同工种的人员，包括熟悉工作区域和生产设施的操作人员、作业人员、作业单位现场负责人、现场安全代表等。安全分析小组的组长通常由现场负责人担任。

四、把工作分解成具体工作任务或步骤

一旦小组选定了某项作业需要进行工作安全分析，就将该项作业的基本步骤列在《工作安全分析表》上。工作步骤的区分是根据该作业完成的先后顺序来确定的，工作步骤需要简单说明"做什么？"而不是"如何做？"

请注意，工作步骤不能太详细以至于步骤太多，也不能太简单以至于一些基本的步骤都没有考虑到，通常不超过 7 个步骤。如果某个工作的基本步骤超过 9 步，则需要将该作业分为不同的作业阶段，并分别进行不同阶段的工作安全分析。工作安全分析小组成员应该充分讨论这些步骤并达成一致意见。

五、识别各个步骤中的隐患并进行评估

小组需要分析每个步骤中的隐患，然后，将各个步骤的隐患列在工作安全分析表的"隐患"列。

工作安全分析需考虑的因素有以下几点。

（1）人。

（2）方法。

（3）机械设备。

（4）材料物料。

（5）环境。

小组应尽可能多地识别各个步骤中的隐患，对每个步骤都应该问："这个工作步骤过程中可能存在什么样的隐患？这些隐患可能导致什么样的事故？"

$$风险＝暴露频率 \times 严重性 \times 可能性$$

其中，风险：危害发生的可能性。

暴露频率：某事故每单位时间发生的（或估计发生的）次数。

严重性：可能引起的后果及其严重程度。

可能性：后果事故发生的概率。

六、确定隐患控制措施

在企业制定隐患控制措施的时候，要求按照顺序考虑以下的几个方面。

（1）消除。该工作任务必须做吗？是否可以用机械装置取代手工操作？

（2）替代。是否可以用其他替代品来降低风险？使用危害更小的材料或者工艺设备，减低物件的大小或重量。

（3）工程控制。消除隐患，使设备和工作环境本身没有隐患。达到本质安全，使员工不可能接触到隐患，或者考虑能否用下面的设备来降低风险：常规通风或者强制通风，防护栏、罩，隔离（**机械、电力**），照明，封闭。

（4）隔离。能否用距离、屏障、护栏防止员工接触隐患。

（5）减少人员接触。限制接触风险的人员数目，控制接触时间，在低活动频率阶段进行危险性工作，如周末、晚上；设计工作场所，采取工作岗位轮换、换班等制度。

（6）个人劳动保护用品。个人防护用品是否适用、充分，是否适合工作任务。员工通常都需要使用劳保用品，但是绝对不能将劳保用品作为控制隐患的第一选择，只能作为隐患控制的最后一道控制措施。即便使用了劳保用品，隐患还是存在，并不能消除隐患。

（7）程序。是否可以用来规定安全工作系统，减低风险，如工作许可、检查单、操作手册、作业方案、风险评估办法、工作安全分析、工艺图等。

七、说明

工作安全分析小组组长需要根据控制措施的实际需求，确定控制措施的负责人，并填写在工作安全分析的表格上。

所有完成的工作安全分析 JSA 需要由现场负责人签字确认，针对需要上级主管部门审批的作业，其工作安全分析在现场负责人认可之后，还需要同作业方案一道报批。审批后的工作安全分析由工作执行负责人向相关作业人员进行介绍并让他们签字确认。

　　所有完成的 JSA 都应该存档，以便日后使用或者让相关单位借鉴。

　　对于已经完成和使用过的 JSA，当下次遇到相同作业的时候，可以参照这些已经完成的 JSA。但是在以后使用这些 JSA 之前，企业必须组织相关的 JSA 成员对已有的 JSA 进行重新审核，确保以前识别的风险及其控制措施仍然有效，并且与确定的工作场所和工作任务相适应。切不能拿来就用，因为相同的工作可能由于某些因素的变化带来新的隐患而被忽视。

测验与思考

词语解释：

工作安全分析

填空题：

工作安全分析小组通常由 4～5 人组成。需要有不同工种的人员，包括＿＿＿＿＿＿工作区域和生产设施的操作人员、作业人员、作业单位现场负责人、现场安全代表等。

简答题：

1. 工作安全分析和其他安全管理工具相比所具有的特点是什么？

2. 请简要说明工作安全分析的基本流程。

3. 哪些作业需要进行工作安全分析？

4. 为工作分类时需要考虑哪些流程？

5. 如何将工作分解成具体工作任务或步骤？

6. 工作安全分析需考虑的因素有哪些？

思考题：

隐患控制措施有哪些？请按顺序说明。

04

第四章
"魔鬼"就藏在细节里
——隐患治理

第一节
可以向上报告，但不能坐等上级解决
——放过隐患，必有后患

记得在上中学的时候，有一篇课文叫《扁鹊见蔡桓公》。

名医扁鹊来到了蔡国，蔡国国君桓公知道他声望很大，便宴请扁鹊，他见到桓公之后说："君王有病，就在肌肤之间，不治会加重的。"

桓公不相信，还很不高兴。

几天后，扁鹊再去见他，说道："大王的病已到了血脉，不治会加深的。"

桓公仍不信，而且更加不悦了。

过了几天，扁鹊又见到桓公时说，"您的病已到肠胃，不治会更重。"桓公十分生气。

十余天后，扁鹊一见到桓公，就赶快避开了。桓公很纳闷，就派人去问，扁鹊说："当人的病在肌肤之间时，可用汤熨治愈；在血脉，可用针刺、砭石的方法达到治疗效果；在肠胃，借助酒的力量也能达到；可病到骨髓，就无法治疗了，现在大王的病已在骨髓，我无能为力。"

果然，桓公不久身患重病，忙派人去找扁鹊，而扁鹊已经走了，桓公就这样死了。

治病救人有三种境界："上医治未病，中医治欲病，下医治已病。"

就安全工作来讲，事故预防是第一位的。事前百分之一的预防，胜过事后百分之九十九的整改。

企业在强调预防为主时，不要忘了综合治理。现代安全理论有个名词"灰色企业"，是说出事故的企业属黑色，绝对不会出事故的企业是白色，但白色企业不存在，除了已经出事故的企业外，都属于灰色，都会有各类风险和隐患存在。所以，要重视隐患治理。

"夫祸患常积于忽微"。祸患常常是由于对小事的疏忽积累起来的。"防微者，销患之本。"这说明，隐患治理，也是有效预防，并且是最为常见的预防形式。千里之堤，溃于蚁穴。安全工作不能放过任何一个隐患，所以，企业必须防微杜渐，将事故消灭在萌芽状态。

放过隐患，必有后患。蔡桓公的悲剧在现实生活中一再发生。

我曾在2008年北京奥运会筹备阶段，为北京地铁公司奥运专线的投运人员做过安全培训，所以，清楚地铁对于公共安全的重要性，一直以来我对地铁运营及施工的安全比较关注。杭州市修建地铁时曾发生了中国地铁建设史上一起罕见的特大事故。

　　2008 年 11 月 15 日 15 时 20 分，在建中的杭州市萧山湘湖风情大道地铁工地突然一声巨响，漫天的尘土扑面而来，两侧的钢筋"噼里啪啦"地倒下基坑。街面上的人都还没反应过来是怎么回事，就已"飞"着掉进了一个积满水的大坑里。

　　"听到轰的一声，感觉地面一下子就陷了下去。"驾驶摩托车巡逻路过的交警金国飞描述当时的经历。当时声音很大，地下钢管发出巨大的响声。

　　一位女出租车司机回忆道，挡风玻璃本来是可以看到天空的，在那一刻，她看到的却是地面！车子逐渐下降的时候，前方已是一片坑洼，她本能地往后倒车，可是她从后视镜中看到的一幕又让她胆战心惊：一辆雪佛莱轿车倒栽葱一样掉了下去——后面的路也断了。跟着路面一起下降的，还有一辆 327 路公交车，塌方事故发生时，这辆公交车正载着 26 名乘客和 1 名司机。

　　这些都还只是地面上看到的情景，更令人揪心的是，事故发生时还有几十名地铁施工人员被埋在地下。据幸存者回忆，当时听到一声巨响后，接着就看见近 1 米粗的钢管，一根接一根往下掉，还有泥土飞扬，水也一直往上涌，都看不清楚对面人。有人说："这些钢管、泥土、水，就像电影里炸弹爆炸一样，一路追着人跑，几秒钟就到了我的身后。"

这起中国地铁建设史上最大的事故是如何发生的？让人们痛惜的是事故发生前已经发现隐患。

杭州地铁湘湖段地铁施工钢筋班一位工人告诉记者："事发前一个月，在地铁施工工地的墙面上就已经出现一道明显的裂痕。从上到下有 10 多米长，裂缝缝隙可以伸进去一只手，基坑的维护墙面明显已经断裂。"

54 岁的老工人张保学称，他参与过很多地方的地铁建设，发现这里与别的地方不一样，在基坑里越往深挖，越发现全是稀泥，几乎没有一块石头。

除了在地下的施工人员发现这些安全隐患外，地面上的行人也有预感。

一位出租司机反映："我很早就觉得这段路有问题了，果然出事了！"他告诉记者："出事之前，我开车路过这一路段时，总觉得地颤得有些不同寻常，就好像开在一个空心的水泥管上面一样，而且这段路上安装了很多减速带，有的地方还铺着钢板。"这名司机的话也被附近一位不愿透露姓名的居民所证实，她说："事故发生之前，这一路段的路面曾经发现过裂缝，也有路面高低不平的情况发生。"

隐患一再被发现，又一再被放过。在这个过程中，是否有人想过，可以伸进去一只手的裂缝，会演变成吞噬轿车甚至大客车的大坑？掉进深渊的不仅是汽车，还有一个个工友和市民。估计，知道隐患的人想到过问题的严重性，但是，绝对不会想到问题如此严重，他们对事故是否会发生还抱有侥幸心理。要不然，这些隐患怎么会一而再，再而三地被放过。

你放过隐患，隐患不会放过你。这是事故给人们的血泪教训。

隐患治理是安全工作拖延不得的大事。发现隐患，当即就要采取行动。不能立即消除或者不能独立消除的，向上级报告是需要的，但不能坐等上级解决，很可能在等待的过程中事故就发生了，必须立即采取切实可行的补救措施，然后才可以按程序解决根本问题。

隐患不除，安全难保。放过隐患，必有后患。

测验与思考

词语解释：

灰色企业

填空题：

事前百分之一的_____，胜过事后百分之九十九的整改。

简答题：

"夫祸患常积于忽微"的意思。

思考题：

请分析杭州地铁事故案例，说出事故原因以及对隐患治理的启示。

第二节
只要有可能，就让它变成不可能
——扔掉不一定，消除不确定

为什么很多人明知道是隐患却不治理？主要是侥幸心理在作怪。这种侥幸心理的产生，有其客观原因。

一、不一定

安全工作中有一句谚语：有隐患不一定出事故，出事故背后一定有隐患。告诫人们预防事故要从消除隐患做起。但就是这句话里的"不一定"，给了一些人敷衍了事的理由，"还不一定出事故呢？费那劲干吗？"

实际上，这句谚语只是相对真理，"有隐患不一定出事故"只是表面现象，只能说明是在相对短的时间里观察到的结果。民间有句俗语，"不是不报，时候未到。"只要有隐患存在，触发条件一出现，必然会造成事故。

有一个煤矿用的架线式电机车，运行时多次出现火花，很多人都看到过，但谁也没在意。多年如此，人们习以为常认为不会出事故，不再把它看成是隐患。但就在某一天，很不幸，会打火花的电机车遇上了达到爆炸界限的高浓度瓦斯，结果，一起特别重大瓦斯爆炸事故发生了。

二、不确定

隐患是还没有变成事故的不安全因素。这种不安全因素，什么时间，会以什么方式转化为事故，这是不确定的。放过隐患，必有后患。但这种后患是什么情形，是设备损坏，还是人员伤亡，危害有多大等，在事故未发生之前，任何人都无法给出确切的答案。现在不少企业提出口号："隐患就是事故"，但毕竟还不是事故，有些人就掉以轻心。

举世震惊的 2008 年四川汶川大地震让人们记住了"史上最牛校长"叶志平。记住了他，人们就会记住把隐患当作事故处理带来的好处。

与汶川大地震中伤亡惨重的北川县毗邻的桑枣中学，老师们只用了 1 分 36 秒，就组织 2000 多名学生下楼，全校师生包括危楼中的学生无一人伤亡。奇迹的出现源于校长叶志平对"不一定""不确定"的坚决防范。

危楼会倒吗？可能性很大。桑枣中学实验教学楼始建于 20 世纪 80 年代中期，当时楼梯的栏杆摇摇晃晃，楼板缝中填的不是水泥，而是水泥纸袋，楼层间甚至能看到裂缝。他下定决心进行维修加固。

从 1997 年开始，连续几年对这栋楼进行改造加固。

第一次，他找正规的建筑公司，拆除了与实验教学新楼相连的一栋质量很差的厕所楼，在一楼的安全处重新建起了厕所。

第二次，他将楼板间缝隙中的水泥纸袋去掉，重新实实在在地灌注混凝土，使楼板的承受力大大提高。

第三次，他对这栋危楼动了大手术。将整栋楼的 22 根承重柱子，按正规的标准要求，从 37 厘米直径的三七柱，重新浇灌水泥，加粗为直径 50 厘米以上的五零柱。之后他亲自动手测量，每根柱子直径整整加粗了 15 厘米。

学校没有钱，他一点点向教育局要维修费。左一个 5 万元、右一个 5 万元，慢慢"化缘"而来。就这样，一栋楼修建时只用了 17 万元，而维修加固却花了 40 万元。

结果是在地震当天，学校外的房子几乎全部损坏，学校里的 8 栋教学楼部分坍塌，全部成为危楼，唯独实验教学楼没有塌。

当初可能有人嘲笑叶志平花 40 万元去加固 17 万元楼房的傻事，我的感受是，在安全上要舍得花钱，关键要把钱花在排除隐患、预防事故上，而不是花在善后处理上。等到事故发生了，花再多的钱也无法挽回损失、消除影响。

对于事故可能性大的危楼改造，一般人好理解，知道那是隐患。那么，学生下课、放学经过楼道时会出现踩踏事故吗？这倒不一定，相对于危楼倒塌的可能性小得多，多数学校也不把无序放学看成是隐患。而叶志平在根治可能性大的事故隐患的同时，也不放过小概率事件。

　　桑枣中学每年都必须搞一次疏散演习。第一次演习的时候，全校师生花了9分钟才集中到操场上。

　　为了搞演习，叶志平带着管理层，费了很多心思。演习目的就是避免混乱，做到有序疏散。因此，先要让学生知道自己该跑到哪儿去。操场上，每个班、每个学生都有对应的"安全疏散点"，各班的班主任要求学生记住自己在操场上的安全疏散点位置。而校长和老师，则花时间研究怎样让学生从座位跑到疏散点最近，确定每个班的疏散路线，然后用演习来检验，反复改进。

　　最初，教职工认为，五层的教学楼，四、五楼的学生要跑快一点，因为他们最远。后来发现，二、三楼的学生必须跑得更快。只有这样，才能把通道让出来，让四、五楼的学生得以迅速跑下来。为了防止出现混乱，每一层楼梯拐角处，都配有1名老师，现场指挥。

　　地震发生的那一刻，师生们感到大楼突然摇了一下。那时候，31个班的授课老师已经进了教室，学校规定老师需提前5分钟进教室。老师们赶忙按照演习过的流程，先命令"所有人蹲在桌子下！"学生们立刻钻到桌子下。

　　震波刚过。副校长立即冲向教学楼，大喊："紧急疏散！"

　　如演习时一般，楼梯口老师到位，班主任组织学生撤离，孩子们潮水般跑了出来。从第一次震动到后来剧烈震动，仅仅只有40秒的时间。这宝贵的40秒，已让一半学生疏散到操场上。随后，剩下的学生也顺利疏散。

　　地震波骤然袭来的短短1分36秒后，桑枣中学31个班级的2200多名师生分别从8栋教学楼集中到操场上，师生无一人伤亡。

不忽视小概率事件，不放过可能性小的隐患，再小的概率，一旦发生也是百分之百的损失。

在我的惯常思维中，学校的安全管理落后于企业。因为学生对安全的理解不会超过成年人，但他们懂得配合，知道接受管理，所以才能够在疏散时，无条件地服从教师的命令，听从指挥。这一点恰恰是企业应该好好学习的。

桑枣中学在地震中创造的奇迹昭示人们：无论是不一定，还是不确定，只要有任何可能性，就要彻底根除，让它变成不可能。

测验与思考

填空题：

有隐患不一定出事故，出事故背后一定有_____。

简答题：

1. 侥幸心理产生的客观原因是什么？

2. 桑枣中学在地震中创造的奇迹给人们带来什么启示？

思考题：

2200 多名师生仅用短短 1 分 36 秒就实现安全撤离，这和学生的组织纪律性有什么关系？联系自身实际，自己在增强组织纪律性方面应该怎样做？

第三节

千里之堤，溃于蚁穴——细节不容放过

20 世纪 80 年代初的中国国家男子足球队主力门将，有"铁门"之称的李富胜，却以出人意料的方式离开人世。

人们为之惋惜的是，夺走李富胜生命的不是绿茵场上的拼搏，不是不治之症的病魔，也不是人力无法控制的天灾，而是一次事故。李富胜搬到新家后，在家中悬挂镜子时，不慎从梯子上跌落，导致创伤性中型颅脑损伤。由于颅内出血，实施手术后，李富胜一直处于昏迷状态。随后不久，离开了人世。

人们在惋惜中，提出了许多假设。

假如梯子固定好，然后他再上；

假如有人在一旁扶好梯子，做好监护；

假如他请专业人员代劳……

李富胜走了，再也不能回来了。如果，世人能够铭记"悬挂镜子"也有隐患的深刻教训，也是对他在天之灵的慰藉。

英语中里有个成语："The devil is in the details."意思是，"魔鬼"就藏在细节里。经常被人们忽略的小事，可能会导致严重的事故。然而，太多的人并没有把小小的隐患放在眼里。

墨镜、草帽、拖鞋、凉鞋，这些都是夏日必备的物品。可别小看这些东西，如果开车时使用，就是"隐形炸弹"，随时都有可能发生危险。

在我国最南方的一个省会城市，有一天，我在一处十字路口遇到红绿灯。这里交通混乱，红绿灯前汽车还算守规矩，行人基本听话，摩托车、电动车却横冲直撞。街头信号灯已经由绿灯转为红灯，一辆摩托车不管这一切，直接冲过去拐弯。但这次摩托车主不再幸运，他遇到了从对面驶来的不太守规矩的轿车。只听"嘭"的一声响，摩托车被轧在轿车轮下。

第二天，报纸上报道了交警的调查结论，双方都闯红灯，轿车女司机遇到紧急情况后还踩了刹车，但是，她穿的是拖鞋，慌乱之中鞋子突然掉到了踏板下面。

事后，她解释并不知道，戴墨镜、草帽影响视线，穿拖鞋、凉鞋影响操作，更不知道，不正确穿戴造成的交通事故数量，仅排在疲劳驾驶和酒后驾车之后。

民国时期的著名学者赵元任曾说过："人在肚子不痛的时候，想不到自己有个肚子。"这话拿到安全生产上来说，也是同样的道理，人在隐患没有变成祸患的时候，往往意识不到隐患的存在。实际上，墨镜、草帽、拖鞋、凉鞋一类的安全隐患，早就有报道宣传。企业里也一样，各种的事故案例、规章制度，大会讲、小会说，就是有人不往心里去。只有出现惨痛后果了，才去正视问题。

"魔鬼"就藏在细节里。在工业生产中，对细节的忽视，是造成一次次事故的罪魁祸首。

中国西北航空公司曾经因一起空中事故导致多名地面机械师被起诉。西北航空执行西安至广州飞行任务的 2303 号航班，飞机起飞爬升过程中出现了问题，机身开始飘摆。机组人员发现了故障，但没能查出原因。在机组人员处理故障过程中，机身姿态变化异常，飞行员难以控制，机身飘摆程度继续加大，终于在左坡度急剧下降的过程中，超过飞机能够承受的强度极限，飞机在空中解体，于 8 时 23 分在距离西安东南 30 公里处坠毁。飞机上 146 名乘客、14 名机组人员，共 160 人，全部遇难。

事后查明，隐患来自插错了插头。飞机之所以操纵异常，是因为地面维修人员在更换故障部件时，犯下了这个很小而又极其愚蠢的错误。

中国有两个成语，一个叫"防微杜渐"，一个叫"亡羊补牢"。

在"防微杜渐"里面，防，是防止；微，是微小，指事物的苗头；杜，杜绝；渐，事物的开端。在隐患刚冒头时，就加以防止、杜绝，不让其发展成大事故。

在"亡羊补牢"里面，亡，是逃亡，丢失；牢，是关牲口的圈。本意是因为羊圈的问题，羊被狼叼走了再去修补羊圈，还不算晚。比喻出了事故以后想办法补救，可以防止类似的事故或更大的事故。

"魔鬼"就藏在细节里。从安全管理角度讲，防微杜渐，是安全的根本。而亡羊补牢已经晚了，何不在狼没来之前，在羊圈还是小隐患时，就及时治理呢？古人已有笑谈："夫病已成而后药之，乱已成而后治之，譬犹渴而穿井，斗而铸锥，不亦晚乎。"病倒了才用药，天下乱了才去治理，就像渴了以后再打井，打起仗来再铸造武器，不就太晚了吗？

防微杜渐不但可以避免亡羊补牢的损失，难度也小得多。《后汉书》上说："禁微则易，救末者难，人莫不忽于微细，以致其大。"隐患刚出现时，制止起来很容易；等到了一定程度，形成一定气候，再去治理就难了。可是，人们总是忽视细节的隐患，而致使小的隐患不断变大。

在这个世界上，所有安全业绩做得好的企业，都把细节隐患看得很重。

惠普公司的经理人轮流当组长，戴上红箍，每星期都去检查，检查每一个员工的工作环境是不是有不安全的隐患，比如所有的电线要求必须贴着墙边走，超过人高的柜子，不能单独立着，后面必须弄一个角铁给它固定到墙上；座位底下不能放箱子等杂物，以免影响员工伸腿，容易造成疲劳等。每个星期检查后，发现问题立即责令解决，把所有可能的隐患都解决掉，不允许下次检查时再出现。

我的朋友汪中求先生，曾因一部《细节决定成败》名扬全国。他之所以大声疾呼细节的重要，在于他看到，在企业员工中严重存在着"螺丝少拧一圈不碍事、垫片少上一个没问题、作业简化一步不算啥"的现实。

他说，在中国，想做大事的人很多，但愿意把小事做细的人很少；不缺少雄韬伟略的战略家，缺少的是精益求精的执行者；绝不缺少各类管理规章制度，缺少的是规章条款不折不扣的执行；必须改变心浮气躁、浅尝辄止的毛病，提倡注重细节、把小事做细。

"魔鬼"就藏在细节里。"要让时针走得准，必须控制好秒针的运行。"海尔企业管理层崇尚的这句格言也说明了细节的重要。治理隐患，企业要把更多的目光集中到细节上。

测验与思考

词语解释：

1. 防微杜渐

2. 亡羊补牢

填空题：

人在隐患没有变成祸患的时候，往往意识不到_____的存在。

简答题：

为什么说防微杜渐胜于亡羊补牢？

思考题：

"魔鬼就藏在细节里"给人们的启示是什么？

第四节
安全基础不牢，企业地动山摇
——作风散漫，就是隐患

军队是风险集中的地方，军队的风险管理往往领先于同时代的企业。安全上有个墨菲定律，"如果做某项工作有多种方法，而其中有一种方法将导致事故，那么一定有人会按这种方法去做，并导致事故。"提出墨菲定律的人是一位空军工程师。

我发现，很多企业的管理者并没有认识到，事故隐患在于系统中人和机的两个方面。由于缺乏系统眼光，在安全检查、隐患治理时，人们往往关注的是基础设施、操作环境、设备缺陷、保护措施等。

我不是说，这些不重要，而是忽略了设备设施以外——人的隐患。人的隐患分为以下 3 种。

1. 思想隐患

骄傲自满情绪，松懈麻痹思想，都是隐患。特别是在改革重组期、机制转型期、班子调整期等特殊时期，在安全持续稳定时、事故连续发生时、生产任务紧张时、生产条件恶劣时等特殊时段，思想容易波动，情绪容易失衡，矛盾容易激化。

2. 作风隐患

员工的作风松散、纪律松弛、工作松懈。具体表现是，操作和维护保养作风不严谨，报喜不报忧，反映情况不真实，不诚实汇报问题，推诿扯皮、推卸责任。

3. 技术隐患

员工的业务素质差，工作中判断失误，操作失当，尤其是初来乍到、技能低下、缺乏培训、不懂规程、不学无术、好胜逞能，危害更烈。

设备环境之外人的隐患，应该被列为重大隐患，而思想作风隐患是重中之重。解决了思想作风问题，就知道了自身存在的差距，员工就会苦练技术，就能够查找并排除物的状态隐患。

一句话，作风散漫，就是隐患，而且是头号隐患。

作风散漫在安全上的突出表现是"低、老、坏"，即低标准、老毛病、坏习惯。

过马路要走斑马线，这是连小学生都知道的道理，可在实际生活中，却偏偏有人放着近在咫尺的斑马线不走，偏要横穿马路。一位大连广播电台记者在交通要道路口观察了10分钟，发现不少行人见缝插针地与机动车抢道，还有近20人有意识地靠近了斑马线，却没走在斑马线上。

"有意识地靠近"，这就是问题了，靠近并没有走人行道。近在咫尺，多走两步为什么就那么难？

走在斑马线边缘的一位行人说："我这应该算走在斑马线了吧，都这么近了。"

还有一位行人说："离斑马线已经这么近了，司机看见我就应该减速。"

交通规则就是标准。对标准来说，一就是一，二就是二，差一点都不行。即使距离斑马线只有 1 米，一旦发生交通事故，行人也要承担次要责任甚至主要责任。

听这些行人的说辞，我在想，点滴行为反映一个人的习惯。他们可能在工地、在车间，也是"有意识地靠近"，打危险的"擦边球"，这些人怎么可能严守操作规程，怎么能保证安全生产？

低标准不是没有标准。国家安全法规是健全的，行业、企业又有自己的安全规章，只是这些标准在具体工作中被降格处理，迁就自己的条件或照顾自己的情绪，自行其是。长期的低标准，就是老毛病，就是坏习惯，是作风散漫的集中体现。

摩天轮、过山车等大型游乐设施，人们玩的就是有惊无险。如果有了隐患，哪怕是一颗螺丝的松动，无险就可能变成有险，有可能在高速运转的瞬间酿成惨剧。合肥逍遥津公园的滑车就曾发生碾死游客事故。公园里"世纪滑车"的 6 节车厢里搭载了几名乘客后，开始顺着轨道缓缓爬升，当滑车即将爬升到最高点时，突然停了下来。随后，6 节车厢急速倒滑，导致最后一节车厢脱轨，坐在最后一节车厢内的乘客被甩到了车后的钢轨上，并被随后继续下滑的车厢碾压过身体。

惊险刺激的"滑车"怎么会变成杀手？

原来，"世纪滑车"共有 6 节车厢，由于 2 号车厢与 6 号车厢连接的部位发生断裂，公园没能力焊接，于是，修理工就调换了 2 号车厢和 6 号车厢的位置。按照《特种设备安全监察条例》规定，特种设备出现故障或发生异常情况，使用单位应对其全面检查，消除隐患后，方可重新投入使用。但他们虽做了空载试运行，却没理会试运行中发出的异常响声。在 3 次试运行中滑车的这种异响一直没有消除，修理工分析认为，异响属于正常。根据生产厂家的技术说明显示，6 号和 2 号车厢构造不同，简单对调是不行的。

在这里，《特种设备安全监察条例》是标准，厂家的设备运行参数也是标准，但都没被执行。设备有异常响声，就证明它有隐患。而一再被人忽视、被放任不理，低标准、老毛病、坏习惯，一并爆发，于是恶性事故不可避免。

在这里，我提请企业里所有员工都记住一句话："安全基础不牢，企业地动山摇。"

一些企业的队伍作风涣散，标准得不到执行，老毛病频犯，坏习惯不改，势必隐患丛生，漏洞百出。就如同建立在流沙上的大厦，再好看也是海市蜃楼，一有风吹草动就会被倾覆。表面平静，但事故迟早要发生。

企业抓安全管理，如果不抓队伍建设，就会是句空谈。

在黑龙江省大庆市进行顾问及培训服务期间，我曾多次到大庆市铁人纪念馆参观，随后也曾到大庆油田21世纪的先进典型"中十六联合站"与干部职工座谈。对比我走过的许多企业，感觉中国从传统农业国向现代工业国过渡早期艰苦创业的队伍风气弥足珍贵。大庆精神里的"三老四严"和"四个一样"，曾经被全国工交企业奉为圭臬，是工人队伍的精神追求。改革开放后，有些企业学习国外先进经验，却丢掉了自己好的做法。当代走向成熟的中国企业和企业员工需要找回传统，继续发扬光大。

"三老"，当老实人、说老实话、办老实事。不投机取巧，不偷奸耍滑，规定怎么要求就怎么做，标准怎么定就怎么执行。

"四严"，对待工作要有严格的要求，严密的组织，严肃的态度，严明的纪律。员工作风散漫，恰恰是"严格不起来，落实不下去"的原因。干部严格不起来，害怕得罪人，害怕不被理解，该罚的不罚，该管的不管，该说的不说，工作就落实不下去，从而埋下了事故的隐患。严是爱，松是害。很多时候人们要宁听骂声，不听哭声。管理是严肃的爱，严格管理，避免事故，是对岗位员工最恰当的爱。干部严格管理，工人严格执行，"低、老、坏"才会变成"严、细、实"的工作作风。

"四个一样"，黑夜和白天一个样，坏天气和好天气一个样，领导不在现场和领导在现场一个样，没有人检查和有人检查一个样。对企业的安全工作来说，"四个一样"都需要，尤其是"没有人检查和有人检查一个样"，更要坚持。很多时候，人们依赖于各种检查，没有人检查，就放松要求，降低标准。这也说明，要实现"要我安全"到"我要安全"的转变，必须做到"没有人检查和有人检查一个样"。

测验与思考

词语解释：

低标准

填空题：

抓安全管理，如果不抓_____，是句空谈。

简答题：

"三老四严"和"四个一样"的具体内容有哪些？

思考题：

为什么说"管理是严肃的爱"？

第五节
八小时内外，不留隐患——安全需要全天候

到部队做培训时，让我感兴趣的是，很多部队把干部"八小时以外"活动纳入管理范围，确保干部八小时以外不失控、不违规、不出安全事故。

相比之下，我所走过的国内企业对八小时以外的安全管理，普遍重视不够。

现在很多企业的施工现场、厂区门口，都会有这样的标语："高高兴兴上班来，平平安安回家去。""为了您和家人的幸福，请您注意安全。"这类标语体现了企业对员工的人文关怀，让人看了感觉心里暖洋洋的。

高高兴兴上班来，从哪上班来？从家里来。平平安安回家去，从哪回家去？从岗位回家去。然而，目前从企业到员工，对岗位的安全相对重视，对家里的隐患却容易忽略。要知道，员工家里隐患不排除，怎么可能高高兴兴上班来？

高高兴兴，是一种心情愉悦的精神状态。员工心情愉快，才会快乐工作，才会精力旺盛，才会安全生产。

如果心情不好，情绪恶劣，不仅自己容易走神，注意力不集中，还会造成情绪污染，影响同事的心情，破坏整体的安全生产气氛。

有位外线电工，一上班就板着个脸，一声不吭，好像谁欠他钱似的。

班长好心劝他："是不是生病了？要是生病了，就休息一下。"

可他眼睛一瞪："谁说我生病了？你才有病呢！"

狗咬吕洞宾，不识好人心，班长就不再说什么了。

其他人看这人跟班长还耍横，就没人再自找没趣了。

在爬电线杆时，他没有系好安全带，结果，这位电工从电线杆上摔了下来。

同事们把他送到医院后，班长给他妻子打电话，刚说"你丈夫住院了……"

电话里传来一个火气很大的女人声音："他是死是活和我没关系！"然后，就把电话挂断了。

众人都在诧异，这女人怎么这样说话？

这个时候，班长的手机响了，是那个女人打来的："是真是假，是不是他让你们骗我的？"

班长告诉她，她丈夫是在登杆时摔伤了，刚送到医院。

"怎么会……都怪我啊！"电话里传来女人的哭声。

这是我到电力企业调研时听到的真实故事。

绘声绘色给我讲这个故事的是一家地市电业局局长。他说，在他们局近十年的事故统计中，100%的人身伤亡事故是由于员工精力不集中造成的，而由于夫妻吵架或家中有烦心事，工作中思想溜号造成的比例占到一半以上。所以，从他上任这几年，年年春秋季节大检修前，都要把员工的家属请到现场，让他们亲眼看看丈夫工作现场的危险程度，这样的安排对家属震动很大，有的当场表态再也不和老公闹矛盾了。

这家企业工会组织在走访员工家庭、了解困难时，又了解到新的情况，家属参观现场受触动，为了安全，克制情绪，可是，丈夫们的大男子主义抬头了，又造成新的家庭不和谐因素。安全生产，党政工团，齐抓共管。所以，工会利用"五一"劳动节组织了一场以安全为主题的家家乐联欢晚会。在晚会上，由女工委员会主任出面，给每个员工发了一份《吵架公约》，并且让在家访中了解到的存在家庭暴力倾向的员工上台宣读。

吵架公约

（1）吵架不当着父母、亲戚、邻居的面吵，在公共场所给对方留面子。

（2）不管谁对谁错，只要一吵架，男方必须先轻声轻气哄女方一次，女方才能马上冷静下来。否则，女方一看到男方哇啦哇啦，女方也忍不住哇啦哇啦，一旦造成严重后果，全部由男方负责。

（3）在家里吵架后不准一走了之，实在要走，不得走出小区，不许不带手机和关机。

（4）有错一方要主动道歉，无错一方在有错方道歉并补偿后，要尽快原谅对方。

（5）双方都有错时，要互相检讨。道歉后，由男方主动提出带女方出去散心。

（6）要出气，不准砸东西，只能吃东西，实在手痒只能砸枕头。

（7）吵架尽量不隔夜，女方睡觉时男方必须主动抱女方，就算女方百般推让，男方一定要哄到女方睡着。

（8）每周都要给对方按摩一次，因为大家经常吵架都很辛苦，男方手艺不好的话可以跟盲人师傅学。

（9）吵架时男方不准挂电话，吵架时女方如果挂了电话，男方必须在1分钟内打给女方，电话不通打手机，屡挂屡打，女方挂电话次数不大于5次。

还有一点，也是最重要的一点：公约所有条款可由女方无理由无时间限制地更改，男方有权利提出异议，但是异议是否被采纳最终解释权归女方。

在观众们的戏谑声中，一对对有矛盾的夫妻表示和好。

在我向企业提倡管理八小时以外的安全之前，外企早就把安全触角延伸到八小时以外，杜邦更是早在20世纪50年代就推出了工作外安全方案。

杜邦的领导层，在那个时候就已经认识到八小时以外，对员工的安全行为进行教育的必要性和紧迫性。因为，员工在八小时以外受伤对公司本身的影响，实际上和员工在八小时以内受伤是没有太大区别的。因此，他们对员工的安全教育变成了 24 小时的要求，员工无论在上班时还是在下班后都要注意安全。杜邦将"安全"与"家庭观念"相结合，"安全"不仅与工作相连，也与日常生活相融。

我到一些企业做大型安全活动，提到"安全 24 小时"的概念时，管理干部普遍都能接受，倒是有些操作岗位员工，觉得受了限制：八小时以内做好就行了，干吗还要管我们八小时以外？

我解释道，下了班以后，只要不犯法，吵不吵架，喝不喝酒，睡不睡觉，都是你的私生活。但是，你要知道，情绪会延续，酒精会延续，疲倦也会延续，最主要的是思想意识会延续。如果你头天晚上，吵架、打架、酗酒、赌博、通宵上网不睡觉，第二天早晨上班哪来的精神，怎么有干劲，怎么有精力，怎么会不出事故？

让员工八小时以外的行为受到必要的约束，是为了安全生产，更是为了对员工的生命健康负责！

客观地说，企业在八小时以外能做的非常有限。要消除员工八小时以外的隐患，高高兴兴上班，主要靠员工自己。即使夫妻关系存在某些问题，即使家庭生活还存在某些困难，即使这一切都让你暂时无法改变，也要记住：人们常常不能选择环境，但是可以选择心情。只要你每天上班之前，昂起头，挺起胸，给自己一个笑脸，一切都会烟消云散！

为了平平安安回家，需要你高高兴兴上班！

测验与思考

词语解释：

安全 24 小时

填空题：

企业在八小时以外能做的是有限的。要消除员工八小时以外的隐患，高高兴兴上班，主要靠_____。

简答题：

请说明心情与安全生产的关系。

思考题：

为了安全生产，八小时以外，自己应该怎样做？

第六节

管理选读：隐患治理措施分类表

措施	做法	说明
消除	在本质上消除事故隐患	用不可燃材料代替可燃材料；以导爆管技术代替导火索起爆方法；改进机器设备，消除对人体、操作对象和作业环境中的危险因素，排除噪声、尘毒对人体的影响
降低	降低系统的危险程度，使系统一旦发生事故，所造成的后果严重程度最小	手电钻工具采用绝缘措施；利用变压器降低回路电压；在高压容器中安装安全阀、泄压阀，抑制危险发生
冗余	通过多重保险、后援系统等措施，提高系统的安全系数	在工业生产中降低额定功率；增加钢丝绳强度；飞机系统的双引擎；系统中增加备用装置或设备
闭锁	一些原器件的机器连锁或电气互锁	冲压机械的安全互锁器；金属剪切机室安装出入门互锁装置，电路中的自动保安器
能量屏障	在人、物与危险之间设置屏障，防止意外能量作用到人体和物体上	建筑高空作业的安全网、反应堆的安全壳

措施	做法	说明
距离防护	当伤害随距离的增加而减弱时,加大人员与危险源的距离	噪声源、辐射源、爆破作业时的危险距离控制
时间防护	减少人员暴露于危险、危害因素中的时间	开采放射性矿物或进行有放射性物质的工作时缩短工作时间;粉尘、毒气、噪声的安全指标,随工作接触时间的增加而减少
薄弱	设置薄弱环节,以最小的、局部的损失换取系统的总体安全	电路中的保险丝、锅炉的熔栓、煤气发生炉的防爆膜、压力容器的泄压阀
坚固	增加系统的强度来保证其安全性	加大安全系数、提高结构强度
个体防护	配备相应的保护用品及用具	采取被动的措施,以减轻事故和灾害造成的伤害或损失
代替	采取措施代替人或人体的某些操作,摆脱危险和有害因素对人体的危害	以机器、机械手、自动控制器或机器人代替操作
程序	采用光、声、色或其他标志等传递组织和技术信息,以保证安全	如宣传画、安全标志、板报,引导人们的行为

05

违章究竟害了谁？
——遵章守纪

第一节
黄泉路上无老少，违反规章先报到
——对付"三违"须"三严"

所有的事故，都可以在管理上找到原因。

企业的安全管理上最大的问题是什么？不是没有制度，而是制度没有很好地落实。安全管理严格不起来，安全措施落实不下去。部分员工安全意识和遵章守纪自觉性不强，处置异常情况图省事、走捷径，"低级错误"成习惯，对老毛病、坏习惯熟视无睹，麻木不仁，致使现场违章屡查屡犯。

所以，才有一种说法，叫作"一大本制度管不住事故频发"；才会在各类事故结论中频繁出现：有章不循，有禁不止；以反违章为重点的"反三违"，一直都是各个企业安全管理的工作重点。

违章，是长期以来困扰安全管理部门、影响安全业绩的一个最为突出的问题。

"三违"是违章操作、违章指挥、违反劳动纪律的统称。

员工之所以会违章操作，主要是因为对"三违"的危害认识不足，安全意识差，工序操作不规范，标准掌握不准确，主观上图省事、凭侥幸、怕麻烦、走捷径。具体来说，主要有以下几种类型。

（1）盲目无知。安全知识学习不认真，一知半解甚至一无所知，正所谓，"盲人骑瞎马，夜半临深池。"

（2）好强逞能。装胆大，逞英雄，越是别人不敢干，他越去干，以此证明自己比别人强。

（3）心存侥幸。这种人比较懒惰，嫌照章办事太麻烦，明知违反安全生产制度，还抱着侥幸心理瞎凑合。

（4）一味求快。员工在面对进度压力或效益指标时，不能很好地平衡，捡了芝麻丢了西瓜，一味追求数量，忽视了安全。

（5）疲劳作战。包括心理疲劳和生理疲劳两种，员工要么是心烦意乱，要么是生理机能下降，注意力降低，动作协调性不够。

（6）作风散漫。犯自由主义错误，工作满不在乎，脱岗串岗，纪律涣散，不服管理，藐视规章，无视制度。

（7）好奇心强。生性好奇，管不住自己，擅闯禁区，乱摸乱动，以至引起误操作。

（8）简单应付。员工对存在的隐患不认真整改，敷衍了事，只是满足于领导检查时蒙混过关，检查过后依然故我。

而违章之所以屡禁不止，主要原因是违章已成习惯，即习惯性违章。什么事情一旦养成了习惯就很难改。

有对父子住在山上，每天都要赶着牛车到山下卖柴火。老父亲眼神不好，但很有经验。下山时，只见老父亲坐在牛车上挥着鞭子吆喝着，尽管山路崎岖，弯道多多，老父亲仍觉得自己驾着牛车得心应手。父亲的操作可是苦坏了儿子，儿子坐在老父亲旁边，总是担心不已，每次在要转弯的地方就会大声提醒道："爹，该转弯了！"老父亲总是不以为然地说："你别瞎操心了，没事儿的，我虽然眼神不好，但这条山路已经烂熟于心了。我知道哪儿坎坷，哪儿该转弯！"

有一次父亲因病没有下山，儿子一人驾车。路途坎坷，到了第一个弯道，牛怎么也不肯转弯，儿子用鞭打也不行，拉缰绳也不行，他用尽了各种办法，最后跳下车又推又拉，牛还是一动不动。

到底是怎么回事？儿子跳上车，捧着头，百思不得其解。他想起他爹下山的情境，就冲着牛大喊了一声："爹，该转弯了！"奇迹出现了，牛应声而动。

牛听口令转弯已成了习惯。违章一旦成了习惯，根治起来就很困难。再难根治的病也得治，因为，事故不可接受，而造成事故的违章同样不可接受。

可能很多人不知道，违章就是犯法，犯法就得受惩罚。《安全生产法》里明确规定，各行业的从业人员在作业过程中，应当严格遵守本单位的安全生产规章制度和操作规程。如果违反了法律所规定的这项义务，就要依法承担相应的责任。《安全生产法》还规定，生产经营单位的从业人员不服从管理，违反安全生产规章制度或者操作规程的，由生产经营单位给予批评教育，依照有关规章制度给予处分；造成重大事故，构成犯罪的，依照刑法有关规定追究刑事责任。《安全生产法》于2021年6月修订后的版本，在"不服从管理"前加上了"不落实岗位安全责任"，更直接地说明，违章就是失职，就是违法。

《安全生产法》里面提到的"批评"，是生产经营单位对员工由于违反规章制度和操作规程的行为进行批评；"教育"，是对有违章行为的员工，进行有关安全生产方面知识的教育。给予处分依照的"规章制度"，包括小制度和大制度，小制度是企业依法制定的内部奖惩制度，大制度是国务院颁布的《企业职工奖惩条例》，按照这个条例，企业可以根据员工违反规章制度行为的情节轻重，给予警告、记过、记大过、降级、撤职、留用察看，直至开除的处分。2021年6月修订后的《安全生产法》在"不服从管理"条文里，删除了"造成重大事故"几个字，意味着只要是构成犯罪的，无论是否造成重大事故，都会被依照刑法有关规定追究刑事责任。

在我走过的企业中，经常看到这样的景象："三违"面前有"三高"。

所谓"三高"，即领导干部高高在上、基层员工高枕无忧、规章制度束之高阁。严格不起来，落实不下去，是企业的通病。

对付"三违"须"三严"。所谓"三严"，就是严格管理、严明纪律、严肃问责。反"三违"，是企业安全生产的需要，是法律赋予企业的权利。

　　做到"三严"靠"三铁"。所谓"三铁"，就是铁面孔、铁手腕、铁心肠。实打实，硬碰硬，不心软，不为人情所困，用执行的坚决保证制度的尊严，是企业现阶段的现实选择。

　　遵章守纪，是法律规定每个员工的义务，尤其是规定员工必须遵守安全规程，是保障员工生命健康的必须。明白"安全为了谁"，也应该明白"反违章究竟为了谁"。在遵守安全规程的过程中或许会给人带来不便，或许会让人觉得勉强，但是，科学研究表明，养成一种习惯只需要66天。

　　伦敦大学教授简·沃德尔带领的研究小组，探寻重复性行为变成习惯需要多长的时间。他们挑选96名志愿者进行了为期84天的实验。实验对象在午餐时加吃水果、喝一杯水或晚餐前跑步15分钟三者之间选择一种，并要每天坚持去做，不能松懈。实验结果是，经过66天坚持之后，人们不需要刻意思考和盘算，就会按以往的做法去做一件事，习惯就已经养成。研究报告在《欧洲社会心理学杂志》上发表，获得了学术界的认可。

　　勉强成习惯，习惯成自然。时间是习惯的发酵剂，坚持是习惯的助推器。经过一段时间的适应，每个人都会形成安全的行为习惯。

测验与思考

词语解释：

1. "三违"

2. "三严"

3. "三铁"

填空题：

违章就是_____，_____就得受惩罚。

简答题：

1. "三违"有哪几种类型？

2.《安全生产法》里对违章是怎么规定的？

思考题：

请说明对《安全生产法》里面关于违章规定的认识。

第二节
规章制度血写成，不要用血来验证
——感谢制度和规程

关于安全制度，有一句流传最广的格言：规章制度血写成，不要用血来验证。可以说，每一个安全制度在形成过程中，都有过惨痛的教训。

中国现代工业的典范是大庆油田。从 2009 年 4 月起，我多次去大庆油田提供咨询服务。随着了解的深入，我意识到大庆油田不仅给国家贡献了数十亿吨的石油，还给工业化进程中的国家贡献了独特的制度——岗位责任制，以至于很长的一段时期，所有的中国国有企业、事业单位都建立了岗位责任制，而这项制度却是来自一次事故。至今，大庆油田还流传着"一把火烧出了岗位责任制"的故事。

1962 年 5 月 8 日，大庆油田所在的区域刮起了大风。凌晨 1 时 15 分，安全生产 170 天的油田中区一号注水站燃起了冲天大火。

火灾是由 3 号柴油机排气管冒出的火星被吹入房顶保温层中，引燃油毡纸和锯末而引起的。当时，值班工人发现从房顶落下火星，于是有 4 人上房检查，他们打开瓦片后发现火苗，决定马上用灭火器灭火。但 7 个灭火器中有两个不能用，加上平时防火演习少，工人们对防火设备不会熟练操作，等到灭火器用完还没有把火扑灭时才想起使用消防水龙头；可是原来 100 米长的水龙带已损坏得只剩下 7 米，水枪头不知去向。虽然起火地点离水龙头只有 20 米远，但是他们只能等消防车来灭火。就这样，火势早已失控。消防队赶到时，大部分厂房已经烧着。

本来这台消防设备是完好无损的，但平时见它用不上，工人们就用水龙带排污水，水龙带慢慢烂掉了，水枪头则常常被用来刷地板和冲水泥池，也是随用随丢。队上曾领过两条新的水龙带，但没有确认由谁负责换上，两条新的水龙带直到失火时还躺在库房里。当技术员想起库房里的水龙带并拿来时，房梁已倒塌、大火已封门，为时已晚，厂房设备在 3 个小时内全部化为灰烬。这是大庆油田会战初期损失最严重的一场火灾。

那场大庆油田历史上著名的事故发生后，时任国家石油工业部部长余秋里立即赶往大庆，全油田就"一把火烧出来的问题"开展大讨论，并选择了 10 个不同类型的基层单位进行试点。后来，油田北区二号注水站摸索总结出了一套办法，把每样东西、每件事情由谁管、负什么责任都落实到位，使每个人都知道要干什么、管什么、怎么管、达到什么程度以及自己的权利，这些规定就是岗位专责制，后来完善为岗位责任制。

　　岗位责任制是对粗放管理的纠正，是企业管理的基础。现在，企业的管理制度已经体系化，但核心仍然是围绕着岗位进行的，安全管理也一样。《安全生产法》规定，企业里每个岗位都要建立安全生产责任制。

　　制度的本意是什么？制度就是规矩，就是人们做事必须遵守的尺度。制度的灵魂在于执行。可是，由于很多企业里缺少敬畏制度，缺少对制度感恩的氛围，制度成了不受人重视的一张废纸。

　　有两百多年历史的杜邦是最早建立安全制度和规程的企业。杜邦的第一任经理 E.I. 杜邦在 1811 年元旦公布了杜邦历史上第一份安全规章，比如工人穿的鞋不能有铁钉；进入厂区须接受检查，以防止将火种带入等。但是灾难还是发生了：1815 年杜邦发生历史上的第一次爆炸，造成 9 人死亡；1818 年的大爆炸造成 40 人死亡，剩余的所有工人都逃离了工厂。此时杜邦的管理层意识到，仅有安全管理规章制度而没有执行这些制度的具体行动是不可能预防事故发生的。

　　著名企业家张瑞敏说："制定一项好的制度不易，能够坚决执行则更重要。"王石则说得更直接："企业最缺的不是制度，而是制度的执行。"

　　我们研究中心的精细化管理基地德胜洋楼是依靠制度进行管理的典范。《德胜员工守则》出版后向社会公开发行，多次再版。德胜洋楼老板对员工有段讲话是这样说的。

"我绝对不能容忍我熟悉的人、我曾帮助过的人蔑视制度，绝对不可以，100% 不可以。我们对违反制度的，对违反程序的人严惩不贷。如果有人对公司制度不是发自内心拥护的，那就尽快离开德胜。公司整顿就是要使不适合这些制度的人及早离开，免得耽误了他们的青春。"

蔑视制度是不被允许的，蔑视安全制度更是不可原谅的。遵守安全制度不仅是企业的要求，还是自身安全的需要。因此，面对安全制度和规程，员工要有以下两种正确的态度。

1. 知道敬畏

这里的敬畏是指敬畏法律、敬畏生命。违反安全制度就是犯罪，就要受到制度规定乃至法律的惩处。违反安全制度的后果就是对生命的不负责。生命无价，任何人都不能视作儿戏。

2. 懂得感恩

这里说的感恩不是对制度、规程的制定者感恩，而是要用感激的心情对待那些为制度的诞生付出了沉重代价的人们。

这些前辈在制度不完善的情况下，用自己生命健康的代价完成了一次探险，给人们认识风险提供了依据，不能让他们的鲜血白流，不要让他们的故事在自己身上重演。看到制度，要想到他们的贡献，应该用执行制度的切实行动对他们表示深深的谢意。

测验与思考

词语解释：

制度

填空题：

1. 制度的灵魂在于_____。

2. 企业最缺的不是制度，而是制度的_____。

简答题：

岗位安全生产责任制是怎样诞生的？

思考题：

应该用什么态度面对安全制度和规程？

第三节
规程就在一招一式里——工业社会离不开守规矩

违章操作和遵章守纪中的"章"指的是什么?

"章"本来是指古代诗文的段落,一个段落是一个章节,后来演变成了条理化规定制度,对人们做事进行约束,这就是"章"。

现在说的违章并不是说违反宪章、章程,而是那些保证员工操作安全所必须遵守的各种约束。具体来说,员工操作中应该遵守下列这些"章"。

标准:针对产品性能、方法等带有数据性、指标性的规定,如《土工试验方法标准》《生活饮用水卫生标准》《道路工程标准》《建筑抗震鉴定标准》等。

规范:对工程勘察、规划、设计、施工等通用的技术事项做出的规定,如《混凝土设计规范》《石油化工企业设计防火规范》《机械图纸标注规范》等。

规程:对操作、工艺、管理等专用技术要求做出的规定,如《电工操作规程》《采矿工安全规程》《建筑机械使用安全操作规程》等。

流程：是两个或两个以上岗位协作完成的一系列相互关联的活动，如《超大型物品吊装流程》等。

程序：某一岗位为完成某一流程而规定的动作顺序及其标准。程序是为了保障流程的实施，如《物资进库验收程序》等。

上面这些常用的词汇概括，就是"规章制度"。每一个都需要员工遵守，不但遵守，还要遵守规章中衍生出来的必须参照执行的内容，比如产品说明书、物料的理化特性等。

是不是觉得在操作中受到的限制太多？其实，这才是现代工业生产方式的需要，现代工业就是"戴着镣铐跳舞"。如果没有了这些约束，就无法避免事故。

20世纪80年代，英国的文学杂志曾经组织过最短小说大赛，有篇获奖小说是这样写的。

油箱有油吗？亨利划着了火柴，"轰"……

当时，我只是当作小说读，没想到会在现代中国频频再现。

河北省辛集市辛集镇安古城村张某驾驶拖拉机耕地，作业到深夜，为抢农时，他想看一看油箱中还剩多少柴油，就划着火柴，打开油箱盖。油箱起火，张某躲避不及，脸部被烧成重伤。事后，张某说："我只知道汽油遇火会起火，没想到柴油遇火也起火。"

同样的故事在江西省吉水县水南乡上演。

驾驶手扶拖拉机跑运输的李某卸完货后，准备开车回家。他想先检查一下拖拉机油箱中还有多少柴油，随手从口袋里拿出一盒火柴，划着火柴，打开油箱盖，同样油箱突然起火，同样躲避不及，同样脸部被烧成重伤。

还好没有爆炸，而另一位勇敢的"探险者"就没那么幸运了。

有位钣金工，在平整碰瘪的汽车油箱时突发奇想：向空箱内倒少许汽油，点火后立即封盖，利用箱内燃烧产生的气浪，不就可以将不平整的油箱铁皮壳崩平了吗？

说干就干，他将拆下的空油箱放在院内，倒入约半斤汽油，划了一根火柴扔进油箱后迅速扭上油箱盖。还没等他跑开，"轰"的一声，油箱爆炸，碎片横飞，他当场身亡。

从"一个油箱引发的系列伤害"中，你能看到什么？你可能看到很多，但从这些伤亡者身上绝对看不到半点规章制度的影子。

我曾经做过一个比喻：要把员工从散文家变成诗人。

因为，农业社会是散文，人们想到哪写到哪，想怎么写就怎么写；工业社会是格律诗，不但结构有限制，一字一句都要受约束。农业生产看季节，时间按天算，误了季节，最多损失一茬庄稼。工业生产讲批次，时间按分分秒秒来计算，看错仪表、按错按钮、忘记关闭电源等，都可能造成死亡事故。从农民到工人，要从散漫到精确，从放任自流到接受纪律约束。

中国正处于农业社会向工业社会的转型期，在员工中培养遵章守纪的工业思维方式，就显得非常重要而又急迫，员工需要注意以下几点。

1. 企业的安全制度不能含糊，要便于执行

含糊不清，只有要求没有标准，是制度制定的大忌。表现有：职责条款笼统，责任模糊，缺少量化指标，没有检查考核的标准，主要靠执行者的觉悟和理解，随意性、伸缩性大。

合格的安全制度，应该是职责清楚，利于执行，便于考核的。具体要求是，项目完整无缺漏，表述清楚不笼统，工作衡量有依据，标准更新重时效，结果准确可度量。

2. 员工在做任何事情以前，要首先学会守规矩，守规矩是遵章守纪的基础

举例说明，我还是用油箱的例子，把"一个油箱引发的系列伤害"进行到底。

有位刚进厂的年轻人很聪明，在街上看到司机采取胶管口吸法，从油箱里抽取汽油，就记住了。千不该万不该，他不该在工作中简单模仿。

他当时跟着化工厂老师傅学操作，老师傅再三叮咛他："你先别动手，站着一边看我干就行了，有不懂的地方就问。"

一连两天，他都很守规矩，默默地跟着老师傅转，站在一边看。偶尔也帮老师傅递个工具。第三天，他就感觉有点不耐烦："转转阀门、开关水泵、看看仪表，太简单了。"

调度员交给老师傅一个临时任务："提一小桶液碱到水洗岗位去。"液碱装在大槽里，老师傅转过身去找抽吸筒。这位年轻人想到了在街上看到的司机用嘴巴从油箱里抽取汽油的情景，喊住老

师傅，"师傅，看我的！"说着，手握着一根塑胶管，管口一头插到碱液槽，另一头对着自己的嘴巴猛吸，老师傅想制止也来不及。"哇！"年轻人难受得弯下腰，直摆头，讲不出话。送到医院检查发现，他的口腔、咽喉、食道，一直到胃，全被烧坏了。

现在，他终日坐在轮椅上，嘴巴成了摆设，不能吃也不能喝，小肚子上开了一个口，每天从那里喂流食进去，说话全靠手在纸上写……

讲这个故事的是湖南洪江有机合成厂退休工人江晋，那个年轻人就是他在岗时带过的一个徒弟。

农业社会里，长辈总是教导后辈要守规矩。实际上，守规矩是工业社会最需要的。

3. 现代企业是要求员工遵章守纪，但不意味着规章以外就可以蛮干

企业里的安全制度不可能包罗万象，再完备的制度也有漏洞，员工所处的环境千变万化，设想一切都制定在规则里，既不经济，也不可行。

所以，日本企业里要求员工不仅要记住制度，还要懂得原理。当制度规定以外的风险出现的时候，才不至于手忙脚乱，不知所措。按照基本原理避免各种风险，即使制度没有规定，也是真正符合规章精髓的。

测验与思考

词语解释：

1. 标准

2. 规范

3. 规程

4. 流程

5. 程序

填空题：

从农民到工人，要从散漫到_____，从放任自流到_____。

简答题：

1. 规章制度包括哪些内容?

2. 请说明对守规矩的理解。

思考题：

1. 如何养成员工遵章守纪的习惯?

2. 制度规定以外，员工应该怎么办?

第四节

习惯性违章，不能习惯性不管
——宁听骂声，不听哭声

每次入住宾馆、酒店，我都要先查看安全通道。若楼层不是很高，我会沿着安全通道走一遍。有一次，在一家经济型酒店，我沿着安全出口标志走，却走进了"死胡同"，一层出口处被一堵墙封死了，若真的出现了紧急情况，人们是出不去的。

临睡前，我会把手机和证件放在床头柜上。一旦出现险情，我可以拿起手机和证件就跑。其他物件不是必需品，因为在获得营救的过程中，通信畅通很重要。

坐飞机时，我会选择离紧急出口前后5排以内的座位。

每个人都会有各自的习惯。我的这些习惯是在接触一起起事故案例后逐渐养成的。

有句话叫"习惯影响性格，性格决定命运"。习惯决定安全，好习惯让人一生平安，坏习惯会让人祸事连连，连饮食、睡眠的不良习惯都可能闯下大祸。

先说饮食的。

某化验室工作人员收到一瓶用矿泉水瓶装着的没有做任何标记的甲醇样品后，他没有立即送到分析室，而是放在办公室的窗台上，只是对在场的人进行了口头提示。过了一会儿，一名大大咧咧的化验员进入办公室，误将样品当作矿泉水，喝进肚子里才发现味道不对，被紧急送往医院进行洗胃处理。

另一个是关于睡眠的。

河北某家机械厂的员工小李检修行车起重机。因为天气热，他有点犯困，就靠在栏杆上打盹。另一名检修人员开动行车，小李没察觉，身体失去平衡掉了下去，摔成重伤。

再说一个娱乐的。

春节的时候，一人酒喝多了，犯迷糊，左手点了一根烟，右手拿来一个爆竹，用烟点燃爆竹后把烟扔了出去，把爆竹含在了嘴里。等他反应过来，爆竹已经炸了。到了医院，医生说："我见过小孩把手炸伤的，也见过有人把眼睛炸瞎的，从来没见过像你这样把一嘴牙全部炸掉的。"

在安全工作中，不良习惯和违章结合在一起就是习惯性违章。

习惯性违章就是不良的作业传统和工作习惯，而这些习惯违反了安全规程，祸患必然来。

习惯性违章就是员工有错不改，一错再错。有些习惯性违章是从员工的行为上可以看得出来的，有些是从暴露出来的隐患中能够发现的。只要是隐患再次出现，就是人们的习惯性违章，它的背后是人的行为习惯问题和安全态度问题。

谁是孔子最欣赏的弟子呢？孔子回答：颜回。为什么是颜回呢？孔子的评价是"有颜回者好学，不迁怒，不贰过"。意为不迁怒别人，不犯同样的错误。

我的朋友、已故著名企业组织建设专家张建华先生这样解释"不贰过"：不二过就是不在自己第一次摔跟头的地方摔第二个跟头；不在别人摔跟头的地方摔跟头；不在前人摔过跟头的地方摔跟头。

如果颜回处于现在这个年代，他会是个不违章的员工。因为，制度是对前人错误的总结，他不会犯别人犯过的错误，即使出现违章，也不会再次违章，更不会让违章成为习惯。

习惯性违章是出现过违章却有过不改。"过而不改，是谓过矣！"孔子的意思是，如果知道错了还不改，那才是真正的错呢！

为什么会有错不改？这要从习惯性违章的特点说起。

习惯性违章有以下3个特点。

（1）顽固。就像疾病中的顽症，容易复发，非得用重药不可。

（2）传染。看到有人违章后，没见到立即出现的后果，其他员工就会仿效。

（3）传承。年轻人并不一定认识到是违章，看到老师傅走捷径省时省力，很自然地就会学习。

在企业里管理层看到违章不管，看到隐患不问，就是管理上的失职。而企业管理人员对于习惯性违章的习惯性不管，就是最大的失职。

习惯性不管有以下 4 点原因。

（1）不会管。业务不熟、制度不清，不知道哪里是隐患，什么是违章。

（2）不能管。自己违章也成了习惯，不好意思管，害怕被管的人不服。

（3）不敢管。员工没有认识到违章，尤其是习惯性违章的危害，对管理有抵触，管理者害怕得罪人。

（4）懒得管。管理者缺乏事业心、责任感，对他人的违章置若罔闻，置之不理。

无论是习惯性违章，还是习惯性不管，都是十分要不得的。

新时期优秀产业工人的代表许振超，当过码头工人、吊车司机，还做过基层干部。他说："忽视安全就是对职工犯罪。"对安全要严加管理，明知山有虎，偏向虎山行。宁听骂声，不听哭声。安全生产都表现在具体的小事上，大事故都是由小违章引起的，没发生事故前是小事，发生了就是大事。要坚决从小事抓，抓小事，成大事；抓小事，防大事。违章不一定出事，但出事一定是违章造成的，对习惯性违章，管理者不能习惯性不管。事故发生后，骂声中受委屈的是干部，是管理人员；哭声中受伤害的是员工，是操作者，是被管理人员。

每个有良知的干部，本着对员工负责的精神，都要把"反习惯性违章"更进一步，变成"习惯性反违章"。见了违章就管，见了隐患就问，也要形成习惯。

对于违章，不仅要管，还要管住：发现违章，不是说说就行，管管就算，还要有检查、有督促、有考核、有兑现；要抓住不放，一追到底，穷追不舍，防止死灰复燃，故态复萌，直到彻底改过，永不再犯，才肯罢休。

"勉强成习惯，习惯成自然。"企业要想把习惯性违章变成习惯性遵章，就要破除旧习惯。不破不立，这是建立新的良好习惯所必须做的。

测验与思考

词语解释：

习惯性违章

填空题：

只要是隐患再次出现，就是_____。

简答题：

1. 习惯性违章的特点有哪些？

2. 对习惯性违章，为什么会出现习惯性不管？

思考题：

对习惯性违章的正确态度是什么？

第五节

服从管理，写进法律——懂得服从才有资格工作

华天酒店集团股份有限公司（以下简称华天酒店）是我们北京大学精细化管理研究中心的研究对象，前董事长陈纪明先生时任中国旅游饭店业协会副会长，他曾一再强调做事先从服从开始。服从是一种美德，服从是一种力量。

企业本来是个上下级分明的组织，员工执行的前提是认同，落实的关键是服从。可是，现在很多企业管理者不敢谈服从，他们谈起服从似乎有些心虚，不理直气壮。

然而，在安全上不服从管理是要出事故的。重庆芙蓉江大桥工地钢丝绳断裂，导致11死12伤的事故就是不服从管理的典型。

第一是项目部不服从管理。项目部安装好缆绳吊，在没有经过质检部门安全检测的情况下便投入运行，平时不仅载物，还载工人上下班。

第二是操作人员不服从管理。上级质检部门发现后要求停止载人，项目部发文禁止，并制作了不准载人的警示牌。在已经明令禁止的情况下，缆绳吊操作员违章操作继续载人。

第三是乘坐人员不服从管理。工人因上下班路途较远，花费时间长，对项目部的禁令熟视无睹，继续乘坐缆绳吊上下班，终致惨剧发生。

这起事故的教训是惨痛的：不仅葬送了 11 条鲜活的生命，项目部经理、副经理、总工程师、劳务承包总负责人、安全员、缆绳吊操作员以及缆绳吊维修保养员一共七人全部被逮捕法办。

"三违"是事故的罪魁祸首。违章指挥、违章操作和违反劳动纪律的共性是不服从安全法规和企业制度的管理。国家把服从管理写进法律。《安全生产法》的具体规定如下。

第五十七条 从业人员在作业过程中，应当严格落实岗位安全责任，遵守本单位的安全生产规章制度和操作规程，服从管理，正确佩戴和使用劳动防护用品。

第一百零七条 生产经营单位的从业人员不落实岗位安全责任，不服从管理，违反安全生产规章制度或者操作规程的，由生产经营单位给予批评教育，依照有关规章制度给予处分；构成犯罪的，依照刑法有关规定追究刑事责任。

服从管理，说的是每个人都需要服从管理，不仅是一线工人，还包括企业的领导者。

《安全生产法》的颁布，意味着服从管理是每个从业人员的法律责任，不服从管理就不具备工作的资格，也就失去了工作的能力。企业在遵守《安全生产法》时需要注意以下几点。

1. 管理者首先要接受管理，安全要从各级干部服从管理开始

有家企业的安监部主任开车去机场接我，中途到加油站加油。省城机场离他们公司有几个小时的车程，我们趁加油的工夫下车活动一下筋骨。可就在这一转眼的工夫，我发现这位主任嘴上叼了根香烟，赶忙制止他："这地方恐怕不能抽烟吧？"

"这地方不归我管。"他发觉说法有问题，面色发窘，赶忙把香烟收起来，"我只是叼着香烟，闻闻味，没有真抽。"

对干部来说，不服从管理的永远不能被重用，甚至不能用。企业容不下不服从管理的人。

2. 管理者要敢于管理、善于管理，将"管理混乱"丢进垃圾堆

大量的事故调查报告中，最为常见的事故原因是管理混乱、有章不循、屡禁不止。管理混乱是事故高发的共性。中国工业企业安全管理相对规范的中石化就在内部要求中明确提出：所有事故都可以在管理上找到原因。

管理上最大的问题在于管理者不敢管理、不会管理、不善管理。首先，管理者要本着对员工负责的态度，消除自己的畏难情绪，宁听骂声、不听哭声，制止一切违章行为。其次，管理者要学习安全管理知识，了解安全管理的基本原理，掌握各种管理工具，把管理

由经验型转变为科学管理。最后，管理者要用同理心而不仅仅是同情心，设身处地地为被管理者着想，出台的各种制度规定让被管理者便于接受，乐于接受。只有在实践中得到执行，管理才能发挥保障安全的效能。

3. 遵章守纪，一丝不苟，服从应该成为一种习惯

蹒跚学步，孩子服从父母；求学读书，学生服从老师；进入组织，下级服从上级。人生是在服从中度过的，社会是在服从中建设的，企业是在服从中运营的。服从是社会、企业、家庭正常运转的需要，更是安全管理的需要。

员工要认识到，服从绝不是丢面子的事情。既然每个人都必须服从，那就爽快服从，立即服从。认认真真执行制度，一丝不苟遵守规程是一个合格员工的本分。只有自觉执行规程，工作中才不会出差错，事故才会与自己绝缘。

4. 服从管理不仅是服从领导的指挥，还要服从同事善意的提醒

南京市江宁区法院曾经处理过一起不服从管理造成事故的案子。

事故的起因是搅拌机在工作过程中突然"罢工"，里面的转轮不动了，搅拌工只得关闭搅拌机开关，钻进搅拌机内修理转轮，但是他忘了将总电源开关关掉。当他在搅拌机里维修的时候，工人张某在一旁唠叨，要把装料的铁斗子从搅拌机上放下来。

"你别动，等一下把转轮修好后我自己来，你不会弄这个机器。"正在里面修理的搅拌工赶紧提醒道。

张某自以为是，很快按下了一个他认为是放下斗子的按钮。

这么一按搅拌机竟动了起来。张某见状，立即找按钮想关掉搅拌机，在连续按下几个按钮后，搅拌机停住了，但里面的搅拌工却没了声音……

肇事者张某可能认为，搅拌工不是领导，他的话为什么要听？不听从领导指挥是不服从管理，同样，不听他人劝阻或不服从他人的善意提醒就是不服从管理的另一种表现。

5. 也是最重要的一点，员工还要知道什么情况下不服从

在一般的企业管理理论中，服从可以是"不管叫你做什么都照做不误"。但是，在安全管理上，服从必须要符合安全的条件，员工要对违章指挥说"不"。

对于强迫劳动、违章指挥、强令冒险作业等，法律一直是明确禁止的。《劳动合同法》规定：劳动者拒绝用人单位管理人员违章指挥、强令冒险作业的，不视为违反劳动合同。这和《安全生产法》的规定并不矛盾，要求服从管理是要求服从具备安全条件的管理，绝不是让员工服从违章指挥冒险作业，导致无法负责的后果。

服从是必须的。员工对规章制度和各项安全管理的措施必须不讲条件、不谈价格，坚决服从。不服从是相对的，只有在危及生命安全的时候才可以行使拒绝的权利。

测验与思考

填空题：

做事先从_____开始。

简答题：

1.《安全生产法》中对服从管理是怎么规定的？

2. 举例说明任何人都必须服从管理。

思考题：

请论述服从的重要性，并说明什么情况下可以不服从？

第六节
管理选读：标准化安全作业管理[①]

安全是平稳的生产状态。如果现场作业工序的前后次序随意变更，或作业方法或作业条件因人而异随机改变，就无法实现平稳的生产状态。

标准化安全作业管理就是对作业流程、作业方法、作业条件加以规定并贯彻执行，使之达到生产平稳的要求。

标准化的作用：储备技术、提高效率、防止事故、便于训练。

安全管理中推行标准化，是把岗位人员所积累的技术、经验，通过文件的方式来加以保存，将个人经验转化为组织共享的财富，而不会因为人员的流动造成技术、经验的流失。并且推行标准化，使不同的人可以用同样的行为操作性质类别相同的工作，减少人为

---

① 祁有红、祁有金：《安全精细化管理——世界 500 强安全管理精要》，第一版，北京，新华出版社，2009 年：第六章。

偏差造成的事件。

标准化安全管理的类别包括以下几点。

（1）场地标准化。实行设备定置化管理，排除散乱。

（2）程序标准化。规定下达指令、作业路线、工序秩序等。

（3）操作标准化。具体到干什么、怎么干、干到什么程度等。

（4）监督标准化。规定检查监督人、检查标准以及检查结果落实人。

标准化安全作业重点解决的是程序、操作和监督问题。

标准作业程序（Standard Operating Procedure，简称 SOP），即按照标准化安全管理的要求制定的工作项目的安全操作标准，明确标示操作步骤和要求。

标准化安全作业文件的制作标准如下。

（1）目标指向：遵循标准即可保证生产安全、质量可靠，不出现与目标无关的词语和表述。

（2）显示原因：规定"安全地上紧螺丝"只是结果，还应该描述如何上紧螺丝，比如"向右旋转螺丝帽 3 圈后，向左回旋 180°"。

（3）具体准确：避免抽象词语，"小心""警惕"一类的模糊词语不要出现，要表达出实现小心、警惕结果的具体行为。

（4）量化表达：每个阅读标准的人必须能以相同的方式解释标准，准确地给出数量是唯一的办法。

（5）依据现实：标准必须是现实的，是在现有条件下可操作的。

（6）修订完善：标准在需要时必须修订，包含以下几点。

① 标准难以执行定义的任务。

② 部件、材料、工具、设备等工作条件已经发生改变。

③ 工作程序变更。

④ 气候、场地等环境变化。

⑤ 国家法规、行业标准关于安全管理的内容改变。

某组织《车工安全操作规程》

（1）操作人员应熟悉操作指南。

（2）工作前穿好工作服，如扣好衣服、扎好袖口，女员工必须戴上工作帽，将长发或辫子纳入帽内，不允许戴手套工作。

（3）启动车床前必须检查机床各转动部分的润滑情况是否良好、各运动部件是否受到阻碍。

（4）装夹刀具及工作时必须停车，必须装夹牢固可靠。

（5）车刀的刀尖应调节在和工件轴心同一水平上，刀杆不应伸出刀架太长。

（6）切削速度、背吃刀量、走刀量等应选择适当。

（7）机床开动，不要用手去接触工作中的刀具、工件或其他运转部分，也不要将身体靠在机床上。

注意：该操作规程随意性大、准确性差，怎么样是"各转动部分的润滑情况是否良好"？刀杆伸出刀架多长是太长？切削速度、背吃刀量、走刀量等怎么才能算是选择适当？不要将身体靠在机床上，应该保持多远距离？实际上这些问题并没有人人可以遵照执行不走样的标准。

标准化安全作业管理的基本步骤如下。

步骤一：制定生产活动的基本标准。

标准的设定是以安全、稳定、高效地进行生产为前提条件而制定出来的，标准的对象不仅是操作，还包括为了安全操作必备的条件。

步骤二：使标准得到完全遵守的维护管理活动。

（1）在线主管应充分说明遵守标准的必要性和重要性，让操作者能理解的同时有计划地观察操作情况，为了标准化安全作业能准确地实施，应对其进行反复的指导与训练。

（2）在线主管针对标准难以操作或不能遵守的方面，要积极地听取操作者的意见，如果他们对设备及零件感觉有什么不妥或异常，在线主管有义务让其立即向有关部门报告。

（3）让操作者遵守已制定的标准是谋求职业健康安全所必不可少的，需要确定安全行为观察的项目并按时追踪项目的进展。

步骤三：问题的表面化及反馈活动。

（1）通过观察人员、物料、设备的操作情况，让与标准相违背的异常现象表面化，让尚未觉察的影响安全的操作行为得以暴露，再根据这些情况确定必须由谁来采取对策，合理地分担各项任务。

（2）自己能解决的问题可立即实施改善措施，而自己不能解决的问题可反馈给其他部门，请求其采取对策。

步骤四：为避免类似事件再次发生所做的改善活动。

生产持续进行，新的问题不断出现，在线主管担负着收集整理信息以及向标准制定者反馈并不断改善的责任。

要害部位关键工序的控制如下。

（1）对每个工作方法加以研究后，将其中最为科学、合理的方法设定为标准，明确安全管理的目标。

（2）无论接受训练的是谁，任何时候都要按照标准工作，只有这样才可以获得安全、平稳、有序的效果。

（3）彻底地执行标准，如果不按照标准化工作就会发生异常情况。

（4）按照"一次性完成、根源、彻底"的行为规范解除事故隐患。

要害部位关键工序的强化持续管理如下。

（1）运用危险点分析法确定危险点，提出危险点预控方案。

（2）让工作标准化。

（3）遵守已确定的标准。

（4）在操作观察中可检查是否遵守标准。

（5）如果不能遵守标准，就应通过追寻原因采取措施以谋求工作的稳定化。

（6）贯彻源流管理，将已发生问题的原因分类成 4M（人员、物料、设备、方法），再分析其真正的原因，从源头加以改善，使同类的问题不再发生。

安全作业指导书是指为保证作业过程处于"可控、在控"状态，不出现偏差和失误，按照职业健康安全环保有关法规和技术标准，对作业计划、准备、实施、总结等各个环节明确具体操作的方法、步骤、措施、标准和人员责任，依据工作流程组合成的执行文件。

安全作业指导书的种类如下。

（1）按形式分为书面作业指导书、口述作业指导书、网络传输工作指令。

（2）按内容可分为单个工序作业指导书、整体项目作业指导书。

安全作业指导书的编写原则如下。

（1）5W1H 原则。

① Where：即在哪里使用此作业指导书。

② Who：什么样的人使用该作业指导书。

③ What：此项作业的名称及内容是什么。

④ Why：此项作业的目的是什么。

⑤ When：此项作业在什么时间进行。

⑥ How：如何按步骤完成作业。

（2）"最好、最实际"原则。

① 最科学、最有效的方法。

② 良好的可操作性和综合效果。

（3）"没有作业指导书就不能保证安全"的编制原则。

培训充分有效时，作业指导书可适量减少。

（4）满足培训需要的原则。

① 作业指导书要让岗位人员理解并接受。

② 编写作业指导书时应让操作人员参与，并使他们清楚作业指导书的内容。

安全作业指导书的管理如下。

（1）作业指导书应按规定的程序批准后才能执行。

（2）作业指导书是受控文件，经批准后只能在规定的场合使用。

（3）员工要把安全作业指导书放在随手拿得到的地方。

（4）严禁执行作废的作业指导书，按规定程序进行更改和更新。

安全作业指导书的结构内容及格式忽视制度标准造成的失误如下。

（1）维持旧有操作习惯，在心理惯性作用下不愿改变已经掌握的作业方法和程序。

（2）图轻松、走捷径，忽视甚至有意省略作业过程中的某些必须安全操作程序。

（3）看到别人违章没有发生事故也没有受到处罚，便起而仿效。

（4）独出心裁，逞强好胜，蔑视安全操作规程。

作业标准的贯彻是指为了保证生产安全，根据管理工序图及工序操作表，将安全高效的方法设定成标准操作方法，贯彻到每一位操作者的实际工作中。

岗位安全作业标准贯彻步骤如下。

（1）颁布作业标准。

（2）正确地教授。

（3）行为观察。

（4）当场矫正。

（5）奖励和处罚。

（6）改善标准操作法。

贯彻以工序为中心的安全作业标准管理要点如下。

（1）把握现状。

① 分层次调查实际安全状态。

② 调查所有生产条件及操作条件的实际状态。

（2）对第一次不符合标准的恢复。

根据调查的结果，针对生产条件和操作条件中的异常情况及原因，对不合适的部分实施改善的对策。

（3）危害辨识和危险因素的再分析。

对现实有危害的危险因素，应使用各种分析工具，从环境、场地、设备入手进行分析。

（4）消除隐患，消灭不符合标准的原因。

（5）设定事件发生率为零的条件。

分析结果，整理要素，以所有的（**不仅仅是采取了对策的项目**）事件发生率为零作为条件，将与安全特性相关的内容整理成表，依据这个表对各项目进行检查，并追加专门的安全保证基准。

（6）事件发生率为零的条件管理。

① 依照检查基准实施检查。

② 对检查的结果进行倾向管理，将不符合的部分修复至异常发生前的水平，将隐患消灭在萌芽状态中。

（7）事件发生率为零的条件改善。

重新审视检查方法及检查周期、检查结果的判定基准，将其改善成更有效的，使事件发生率为零。

测验与思考

词语解释：

1. 标准作业程序

2. 安全作业指导书

填空题：

标准化安全作业重点解决的是程序、_____和监督问题。

简答题：

1. 标准化安全管理的类别有哪些？

2. 标准化安全作业文件在什么情况下必须修订？

3. 标准化安全作业管理有哪些基本步骤？

4. 请简要说明安全作业指导书的种类和编写原则。

思考题：

如何贯彻以工序为中心的安全作业标准？

人人做得到

LIFE FIRST

06

第六章
造就本质安全人
——进阶修炼

第一节
意识养成——我要安全

"如果只能改革一件事，就改教育。"管理大师大前研一说过这句话，我在想：一个企业在安全上如果只能抓一件事情，那应该抓什么？

毫无疑问，也是教育。

人们常常说，让员工实现从"要我安全"到"我要安全"的转化，实质就是安全教育问题。要实现这一转化，就必须改变安全教育方式，把现在单纯的安全知识灌输变为安全意识养成教育，树立员工的安全意识，培养员工的安全习惯。

这就牵涉到一个新的概念——养成教育。

那么，什么是养成教育？

养成教育就是培养人们良好行为习惯的教育，在安全上使用养成教育，在于培养员工安全的行为习惯。培养习惯的前提条件是意识养成，而意识养成的结果是培养习惯，进而塑造出良好人格，为塑造本质安全型员工打下基础。以下3点是安全养成教育的内涵。

1. 安全养成教育是一个注意力的开发过程

有一种经济形态叫眼球经济，说的是在市场营销中，谁能吸引眼球谁才能获得营销业绩。人们之所以愿意做某件事，是因为这件事引起了他的关注，而这一关注又是客观环境刺激的结果。现阶段自行车、行人闯红灯现象屡禁不止，我设想在路口处放上闯红灯造成车祸的照片或统计数字、案例，人们的注意力就会集中到事故上来，闯红灯现象就会减少。

有一次我参加一个工地的安全活动，安全员给大家讲解整洁在安全上的重要性后，活动主持人让我讲几句。我没有重复安全员讲过的内容，而是给大家讲了一个公司招聘的例子。

有位年轻人去一家大企业应聘。与他一起去应聘的几个人条件都比他好，当前面几个人面试完后，他觉得自己没有什么希望了。但既来之，则安之。他敲门走进了招聘办公室，一进办公室他见地上有一个废纸团，未加思考，习惯性地弯腰捡起来扔进了废纸篓。

然后招聘负责人对他说："年轻人，把你刚刚扔进废纸篓的废纸团拿出来。"

他有些疑惑，但还是照做了。

"打开，看看上面写了什么。"

年轻人按照命令打开了纸团，见上面写着一行字："你被录取了。"

他吃惊地看着招聘负责人。

他得到的回答是："从你弯腰捡起废纸团的举动中，我看到了你的文明素质。现代企业需要你这样有文明素质的员工。"

当故事讲完后，很多人回头看看自己周围脏乱的环境。活动进行到讨论阶段时，我注意到几个发言的员工都是从我说的这个招聘故事切入自己的话题。这说明，用能够引起员工注意的方式，往往可以在安全意识的养成教育中收到显著的效果。

2. 安全养成教育是一个情感的培育过程

人是感情动物，情感发展是一个人心智发展的重要内容。这里有两层意思：一是和员工建立感情，让他们知道安全究竟为了谁，管理者抓安全时就会减少很多阻力。二是完善员工的人格，培养他们与家人的感情，培养对家庭的责任感，孝顺父母、疼爱妻儿。

3. 安全养成教育是行为规范的培育过程

良好的习惯不是靠一两天就能养成的。行为习惯的发展过程是多次重复的过程，比如家长教育孩子不要随便乱扔纸屑，他今天做到了，明天又忘了，家长见到了还得说，说多了他就记住了。"无规矩不成方圆。"习惯性违章不能习惯性不管。对任何的违章行为，只要发现，就必须予以指正。

为什么很多企业年年讲、月月讲、天天讲，培训经常做，员工就是没有养成习惯呢？

　　最关键一点就是没有对员工形成养成教育，安全教育还停留在纯粹的知识灌输阶段。

　　知识灌输中培训内容以安全知识为中心，考虑的是如何有效地呈现并且让被培训者掌握这些有价值的知识。培训者在知识灌输中的角色是知识的传授者，注重的是知识点，培训成了对知识的注解与记忆过程。

　　在安全培训中，知识灌输是必要的，而且是必需的。但是，如果安全培训仅仅是知识灌输，没有形式与内容的创新，员工在培训中单纯地死记硬背、机械训练，就会失去学习兴趣，学习效果也会大打折扣。

　　把单纯的知识灌输变成养成教育，需要体现四个字——生命关怀。

　　企业里生命关怀的核心立足点是员工的生命健康安全，是站在每一个员工个体的角度重新处理安全知识与操作技能、生产过程与安全方法、情感态度与安全价值观等相互关系。

　　有了对员工生命的深度关怀，管理者在安全培训时不再是传授知识的工具，会根据保障员工生命安全的切实需要因材施教、因势利导。同时，员工成为安全培训的主角，他们不仅可以解放手、脚、口、耳、眼等器官，还有了思维与活动的时间与空间，在学习知识、掌握技能的过程中将价值观与知识的获取结合起来，由过去"教"的会场转变为"学"的课堂。

　　既然是对员工生命的关怀，在培训之前，企业就要搞清楚员工作为生命个体除了工作之外的生存与生活，要琢磨所属单位员工的生存状态，关注他们的生活状况，满足他们生活所必需的条件，很多时候这些比单纯的说教更管用。

我曾经到过一家位于某城市郊区的化工企业，员工中年轻人较多，违章行为也很多，大事不犯，小事不断。公司领导分析，企业地处偏远，年轻人的婚恋问题是影响员工队伍稳定的主要原因。公司的工会、团委一次次组织本企业与其他单位的联谊会，扩大了青工的社交圈，虽然不能保证解决员工婚恋问题，但是很快稳定了员工的情绪，违章现象逐渐减少。

因此，员工的安全意识养成需要借助员工家庭的力量，把安全意识教育融进员工的现实需要是养成教育的不二法则。

从传统安全培训的知识灌输到养成教育的生命关怀，知识起到联系企业与员工生命本体的作用。学习成了员工内化于心的需求，培养了对安全知识真正的渴望。整个培训会变成安全经验的分享，是关于安全知识、安全态度、安全价值观的交流与碰撞。

回到从"要我安全"到"我要安全"的老话题。"我要安全"，是指存在于员工内心深处的安全意识，包括有关安全的道德观、价值观以及思维方式、行为准则，是员工对企业各种安全管理措施的情感认同。安全意识的养成就是要达到"我要安全"的目的，员工有了主动要安全的意识，就会主动学习，主动适应规则，主动养成习惯。

从"要我安全"到"我要安全"，通过对员工进行养成教育，最终会达到"我会安全"的境界。

测验与思考

词语解释：

养成教育

填空题：

企业里生命关怀的核心立足点，是员工的_____。

简答题：

1. 一个企业在安全上如果只能抓一件事情，那应该抓什么？

2. 情感培育在安全养成教育上有什么作用？

3. 把单纯的知识灌输变成养成教育，关键在什么地方？

思考题：

在安全养成教育中如何体现对员工的生命关怀？

第二节

技能培训——我会安全

可以肯定地说，所有事故的发生都不是肇事者的主观愿望。如果是他们的主观愿望，那么就不是单纯的生产事故了，那就是有意破坏，是直接的犯罪行为。

既然不是人们的主观愿望，那为什么还会出事故？这要分两类情况来说：一类是人们心存侥幸、明知故犯，这是员工的安全意识问题。另一类是员工糊里糊涂、不知所以，或者只知其一不知其二，直到发生了事故才恍然大悟，这属于技能培训问题。

现在的企业中普遍提倡从"我要安全"到"我会安全"，这是变被动到主动，是安全管理上的一大飞跃。

企业也要清醒地看到，"我要安全"只是一种良好的愿望，并不一定能够保证企业安全。"我要安全"要升级到"我会安全"，"会"的前提是"懂"，是明白，只有明白操作原理、制度规定、操作规程，才能把"我要安全"体现在员工的安全行为上。

电影《中国机长》里，玻璃破碎、机舱失压后，客舱里一片混乱，灯光暗了，乘客头上的氧气面罩也自动脱落了。然后，袁泉饰演的乘务长对旅客大声说道："拉下氧气面罩，戴上它，保持吸氧状态！"

故事原型乘务长毕楠在接受央视采访的时候，被问及遇到这种紧急状况后，情绪有没有变得不一样？

毕楠回忆道："那时候已经来不及（多想）了，我只知道我要保证旅客、组员的安全。我只有通过广播器告诉旅客应该怎么做，我告诉他们用力向下拉下氧气面罩，把面罩戴到口鼻处，系好安全带。"

后来，有一些乘客焦躁不安，情绪失控。这时候怎么安抚乘客们的情绪？电影中，乘务长大声说："请相信我们，我们每个人都经历过日复一日的训练，就是为了保证大家的安全。"她还提到了机长，在旅客乱作一团时，她告诉大家："请相信我们的机长，我们会一起回去。"

"相信机长"也是原型乘务长毕楠一直提到的一个词。她接受采访回顾发生险情时说道："我们相信机长，相信我们每一天的训练，所以，在安抚旅客时心里也是有谱的。"

给创造飞行史上奇迹的"中国民航英雄机组"组员带来信心的是训练，稳定旅客心绪的仍然是训练，是每个机组成员日复一日的训练。

所有企业都要想让员工从"要"到"懂"再到"会"，就需要培训。

培训是连接员工从"我要安全"到"我会安全"的桥梁。

从大量的事故报告中提到的员工安全意识不强、安全素质不高来看，培训并没有起到这个桥梁作用，要么形式陈旧、老生常谈，要么内容泛泛、不着边际。

对员工进行安全培训应该从应试教育变为素质教育，具体如下。

1. 要让员工知道为谁而学、为什么要学

员工通过考试取得上岗资格，需要学习培训，这是政府安全管理中必须遵守的规定。员工学习安全知识决不能只是为了应付考试，如果不能联系实际工作，只记书本上老师讲解的内容，那么即使考试优秀，也不能代表操作时就是优秀。

安全学习是个长期的过程，日复一日、年复一年，审美疲劳和厌倦学习的情绪是每个员工在长期的安全培训中正常的心理表现。

要消除安全培训中的学习厌倦情绪和应付心理，应该解决以下两个问题。

为谁而学？

在企业里开展"安全为了谁"活动，讲清"安全为了谁"的道理，这个问题就会很好解决——安全是为了自己、为了家人、为了伙伴，学习安全知识和掌握安全技能更是对自己、对家人、对伙伴负责的需要。

为什么要学？

有一句话需要向员工讲清楚：培训学习比小心更重要。我国由于重型机械的广泛应用，伤害事故进入高发期，工业安全受到了全社会的关注。"小心就不会出事"是经验主义的安全管理。工业生产中，

各个岗位都有其复杂性和专业性，粗心大意一定会出事故，但是小心未必安全，只有人人都掌握安全知识、遵守操作规程，才是治本之道。

2. 纳入程序，安全培训也要有章可循

现在很多企业的安全培训灵活性有余、制度性不足，员工闲了多学，忙了少学，甚至不学，这也是影响培训效果的一个因素，解决的办法就是安全培训制度程序化，基本程序如下。

（1）确定各岗位安全任职能力的要求。

（2）对各岗位安全工作能力进行评价。基层单位对照各岗位安全任职条件和岗位人员的现实状况进行评价，重点是要找出存在的差距，提出人员调整建议和安全培训需求意见。

（3）人力资源部门对评价结果进行综合分析，对个别岗位人员进行调整，选择和配备可以胜任的人员从事关键安全工作，同时进行安全培训需求分析，制定年度培训计划。

（4）实施培训计划。根据年度培训计划，将培训通知、培训班管理、培训效果评估等工作落实到具体执行部门和岗位。对于企业委托培训机构承办的，应由承办部门和培训机构签订《培训合同》，并按合同组织实施。对于计划外培训，要经过人力资源或安全管理部门审批后纳入补充计划。

3. 有的放矢，培训要切合安全的需要

无论是入职培训、转岗培训，还是日常培训，企业的安全培训要重点围绕岗位进行。只要是岗位安全工作需要的，就应该培训。和岗位无关的，则可以缓行。这样就可以把安全培训限定为

两类：一类是岗位必需性培训，比如员工安全意识、规章制度、遵章守纪教育、环境因素、危险源等，是岗位人员必须具备的知识技能；另一类是岗位适应性培训，员工适应新的岗位或者在原有岗位适应新的生产技术发展、设备更新、工艺改造等需要进行补充、扩展和更新的安全知识技能。

具体来说，培训内容应该包括以下几点。

（1）安全基础培训。如安全管理方针、政策及重要意义等方面的教育，遵章守纪意识教育，安全法规、标准和规章的教育，通用安全知识教育，岗位安全技术知识等。

（2）健康基础知识。如职业病及工业危害防治措施，个人卫生、公共卫生知识教育等。

（3）隐患处理和事故应急措施。如求生培训与演练，劳保用品的正确穿戴，消防器材、报警装置、救助通信等设备的构造、原理及使用方法，应急处理及疏散、撤离的训练，各种伤害的紧急救助技术训练等。

（4）安全文件学习。如政策性文件、程序性文件、作业指导文件等。其中作业指导文件是指导和控制基层岗位操作人员从事实际作业的关键文件，应该作为安全培训的重中之重。通过学习，要让员工搞清楚每一项作业程序、各环节人员如何配合、由谁组织指挥、由谁监督检查、由谁具体操作，特别是如何操作，以及要留下什么记录等。

实际上，很多人不是死于事故，而是死于无知。

中国有句老话叫"初生牛犊不怕虎"。作为"牛犊"，一方面没有安全意识，根本没有危险概念。另一方面没有接受风险培训，缺乏最起码的安全技能和常识。

无知者无畏，无畏的结果是无谓的牺牲。对员工进行技能培训是实现"我会安全"不可省略的一个环节。

测验与思考

填空题：

1. 所有事故的发生都不是肇事者的_____。

2. _____是连接从"我要安全"到"我会安全"的桥梁。

简答题：

1. 既然不是主观愿望，那为什么还会出事故？

2. "我会安全"的前提条件是什么？

3. 消除安全培训中的学习厌倦情绪，需要解决哪些问题？

论述题：

1. 安全培训的基本程序有哪些？

2. 请叙述安全培训中需要员工掌握的内容。

思考题：

为什么"很多人不是死于事故，而是死于无知"？

第三节
配置资源——我能安全

政府监管部门一再抓企业的安全投入，规定"三同时"，已经把安全设施作为保证安全生产的物质保障。企业里提倡员工"会安全"之外，还要给他们提供必要的条件、配置必需的资源，让所有"想安全""会安全"的人能够安全。

从企业层面上来说，要实现安全生产需要配置基础设施、人力资源、专项技能、技术资源和财力资源。

安全管理的资源配置标准，要明确为实现安全目标，企业组织内部人与资源之间的关系；确保与企业组织（**包括企业和企业内分支单位**）的规模和风险性质相称的安全预算；运作组织机构资源，科学合理设置安全机构，明确安全责任分配、问责措施；确保所有员工拥有所需权利以履行安全职责；加强信息沟通，提供专家服务，确认分支机构安全资质和所有员工的安全上岗资格；选择为保护工人免遭职业危害所需的人身防护设备。

安全部门应考虑来自各级主管和安全专家的意见，定期评审各类资源，尤其是安全设施的适宜性。

人们平时所说的安全设施，是指企业生产经营活动中为将危险因素、有害因素控制在安全范围内以及预防、减少、消除危害所配备的装置（设备）和采取的措施。安全设施分为预防事件设施、控制事件设施和减少与消除事件影响设施。

生产现场安全设施的推荐配置如下。

（1）厂房门口备有担架、急救箱（*一般装有绷带、胶布、剪刀、创可贴*）。

（2）厂房内到处挂有安全警示图、安全标志，标明安全警示线，设置醒目的安全栏杆；轻微伤害的及时处理提示图标；提醒员工穿戴安全防护用品、跑向安全地带的指示。

（3）在各岗位电话亭挂有应急电话号码卡，突出生产现场的安全氛围。

企业的安全设施并非配置以后就可以一劳永逸，企业的安全管理部门必须检查、监督、指导和控制生产过程中的安全设施运行；对工人暴露于特殊健康危害的情况进行监控；对卫生设备和诸如饮水、食堂及宿舍等其他设施加以监督；就技术的使用可能对工人健康造成的影响提供咨询；配合工作安全分析，更新改进设施，以便使工作环境更好地适应工人的情况。

基础设施是安全生产的基础，它的安全性必须得到保障。基础设施的安全性体现在：安全设施和主体工程同时存在，并可以使用；设施具备防爆、防漏电、减压等功能，将本质安全作为首选；消防器材的安放便于操作；有与外界相通的、符合安全要求的运输和通信设施；有特殊安全要求的设备、器材、防护用品和安全检测仪器，并定期检查、维护。

安全基础设施的设计要照顾人性化，不仅让员工操作起来方便，还要注意尽可能地提供员工失误后设施的容错安全保障功能。

环境因素也是影响企业安全生产的重要条件。

员工工作场所的环境因素主要有：自然环境因素，如气候、温度、地理、地质、声音、光照、色彩等条件；设施设备因素，如设备构造、操作部件的布置、附属设施的相互位置、几何尺寸等因素；器材物料因素，如燃料、填充剂、工业气体、原材料等用品。

工作环境对员工安全的影响主要有噪声影响、振动影响、照明影响、空气污染影响、作业环境混乱影响，以及环境温度、湿度的影响。

工作环境的安全化是保证安全的物质基础，组织创造的良好作业环境可以使员工处于最佳状态，减少差错及事故率。

工作环境安全化的主要措施是优化工作环境和控制危险源。

工作环境的主要行动领域包括两个方面：一是工作的物质要素，包括工作场所、工作环境，工具、机器和设备，化学、物理和生物的物质和制剂，以及工作过程的设计、测试、选择，替代、安装，使用和维修。二是工作物质要素与人员的关系，机器、设备、工作时间、工作组织和工作过程对工人身心能力的适应。

工作环境的安全关键词：光线充足，通道无阻，噪声适度，空气适宜。

　　企业在提供安全工作环境方面可以采取的行动有：企业在合理可行的范围内保证其控制下的工作场所、机器、设备和工作程序安全并对健康没有危险；企业在合理可行的范围内保证其控制下的化学、物理和生物物质与制剂在采取适当保护措施后不会危害员工的健康；企业在必要时为员工提供适当的保护服装和保护用品，以便在合理可行的范围内预防事件危险或对员工健康的不利影响；授权员工对工作环境的物质要素根据安全需要采取行动。

　　办公室职员的安全工作环境也需要引起重视。包括办公室工作间的通风、采光符合法定要求；办公家具符合人体工程学的设计；为员工提供辅助设备，如鼠标护腕软垫；相互间距合理，员工有足够的工作空间和活动空间等，这样可以提高工作效率，减少办公室职员职业病的发生。

　　企业为员工提供安全所需的资源，既是法定的责任，又是对员工爱护的具体表现。

　　当然，员工不能拿条件是否具备作为出事故的借口。同样的条件，为什么出事故的不是别人，而是自己？这是需要员工自己反省的。

测验与思考

词语解释：

安全设施

简答题：

1. 一个单位要实现安全生产，需要配置哪些资源？配置的标准是什么？

2. 安全设施配置后，企业安全管理部门还需要做哪些工作？

3. 工作场所有哪些环境因素？工作环境对安全有什么影响？

4. 企业在为员工提供安全工作环境方面可以采取什么行动？

思考题：

员工为什么不能拿条件是否具备作为出事故的借口？

第四节

制度规范——我须安全

企业生产是靠人和设备的结合，管住了人，就管住了安全生产中最大的变量。约束人就得靠制度。

凝聚人心靠文化，驾驭行为靠制度。"没有规矩，不成方圆。"制度至上是安全生产的三大基石之一。领导有情，管理无情，制度绝情。制度面前，必须不讲情面，必须坚决遵守。

国家历来重视制度在安全管理中的作用，把安全法制和安全文化作为搞好安全生产的要素，政府出台了一系列法律法规，对生产建设的过程、结果等进行安全监督。各个企业也分别制定了各自的管理规定。

制度在安全管理上重点解决以下 3 件事。

1. 明确谁来干

明确责任，比如规定各个单位的行政正职是安全工作的第一责任人；管生产必须管安全；综合治理，企业里不同职能机构有各自特定的安全管理职责；每个岗位都要对自己岗位的安全生产负责。

　　当然，这些责任在具体的制度中还要细化，详细规定到任何一项工作中：谁操作、谁协调、谁监督、谁负责前端、谁负责末端、谁负责中间等，目的是不出现责任空白。

　　2.　明确怎么干

　　各种操作规程、作业指导，员工在作业中必须遵循。

　　国家在 20 世纪 50 年代就颁布过"明确怎么干"的"三大规程"和"五项规定"。

　　《三大规程》是指国务院在 1956 年 5 月制定并发布的《工厂安全卫生规程》《建筑安装工程安全技术规程》和《工人职员伤亡事故报告规程》。

　　"五项规定"是指国务院于 1963 年 3 月颁发的《关于加强企业生产中安全工作的几项规定》。规定如下。

　　（1）安全生产责任制。

　　（2）编制劳动保护措施计划。

　　（3）安全生产教育。

　　（4）安全生产定期检查。

　　（5）伤亡事故的调查和处理。

　　这五项规定中，除了安全生产责任制是"明确谁来干"外，编制劳动保护措施计划、安全生产教育、安全生产定期检查和伤亡事故的调查和处理这四项规定的重点都是"怎么干"。

　　具体怎么干，越详尽越好。尽可能地让员工做规定动作，尽量少做甚至不做自选动作。这就涉及制度健全问题。对一般企业来说，安全生产责任制、安全教育制度、安全检查制度、防火制度、动火制度、动土制度、停机检修安全确认制度、化学危险品管理制度、安全保卫制度等关键制度都是必不可少的。

3. 明确结果

制度中要有奖罚措施。

法律上把"怎么干"作为程序法，"明确结果"就是实体法。任何一部实体法都会有罚则，有处罚条款，会明确不按规定做会受到什么惩罚。如果没有处罚条款，法律就没有了执行的基础。

企业里也一样，制定的制度如果没有罚则，没有处罚条款，就只能是一般性的要求，是软弱无力的，对任何人都不构成约束。

我在企业里看见一些现象：安全制度很健全，厚厚的几大本，可里面的处罚措施或者不具体，或者不具操作性。这样的制度，再厚也管不住事故频发。

事故是对当事人的最坏处罚，安全是对当事人的最好奖励。员工缺乏事故与安全的现实体验，所以就需要制度来替代。人是会趋利避害的，有奖有罚才可以引导人们做好该做的事情。

有一个近乎荒诞的"吻瘫机场"事件就和安全制度有关。

一名男子趁机场守卫不在，偷偷钻过美国新泽西州纽瓦克国际机场一个通道的安全隔离带，与里面的女友会合拥吻。然后他们手挽手走进乘客安全检查后才能进入的区域，20分钟后离开了。他被其他乘客举报后机场数小时内超过100架航班无法起飞，数以千计的乘客行程被延误。

这名男子的举动明显违反了机场安全管理规定，在哪个国家都是不被允许的，会受到严厉处罚。

客观地讲，很多企业的安全制度是健全的，但为什么事故频发？关键在有法不依，有章不循。"情有可原"是管理者经常说的借口，是腐蚀制度严肃性的重要原因。

制度要有严肃性，不能因为个人的私利而影响公众的利益。企业员工不能因为一时的方便，而对规定置若罔闻。

我在一个工地看到现场安全管理的"三识六制"大标牌。"三识"是提高全员的安全意识，完善现场作业环境标识，对危险源需要进行辨识。"六制"就是安全提醒制、安全互保制、信息确认制、考核连带制、资质亮牌制和事故应急救援制。安全意识很重要，但要靠制度做保证。

遵守制度靠自觉。在管理规范的企业，即使没有发生事故，员工不自觉也会受到制度的处罚。

测验与思考

填空题：

_____是对当事人的最坏处罚，_____是对当事人的最好奖励。

简答题：

1. 制度在安全管理上重点解决哪三件事？

2. 安全管理中如何解决"干好干坏都一样"的问题？

思考题：

请谈谈你对"情有可原"的看法？

第五节
流程约束——我才安全

安全不仅是空间的概念，还是时间的概念。"在岗一分钟，安全六十秒。"准确地说，安全是一个过程。过程是时间概念，和具体的生产要素结合起来就是流程。

流程是安全生产的制约因素，只有流程安全了才能保证时间和空间的安全。

有一个安全管理概念"Process Safety"（流程安全）。

一位母亲给两个儿子做了一个蛋糕。可是两个不懂事的儿子却给他们的妈妈出了个难题，按照以往的经验，无论她怎么分，总有一个儿子说妈妈偏心，自己这份小了。

无奈之下，母亲想了个办法——由老大来切蛋糕，切好以后让弟弟先挑。

老大只有尽量切得一样大，否则自己肯定只能得到小的那一半；老二瞪大眼睛，尽力挑出稍大一点的那块。尽管切开的两块蛋糕肯定大小不一，但是在母亲制定的规则之下，不论谁吃了亏，能怪的只有自己。

"老大切蛋糕，老二先挑"不是分配制度，而是流程，流程让结果趋于公平。

这个西方流传多年的分蛋糕的故事说明了科学的流程能够约束人的行为，让人们不得不照着规定的方式去做。

流程安全管理最早是从石油化工企业开始的，在各类企业中，从工作流程不间断的角度看，连续生产的石油化工企业是最有代表性的。1984 年 12 月 3 日发生的印度博帕尔灾难是历史上最严重的工业化学事故。由于这次事件，世界各国化学集团改变了拒绝与社区通报的态度，亦加强了安全措施。这次事件也导致了许多环保人士以及民众强烈反对将化工厂设于邻近民居的地区。

现代管理体系是保证安全管理的全覆盖不遗漏，流程安全则是对生产的过程进行控制，保证管理体系的深入落实。企业有了流程安全的支撑，管理体系才能落地。

流程安全管理包含以下 14 个要素。

（1）流程安全信息。包括高危化学品的危害信息、流程技术和流程设备信息等。

（2）员工参与。这里说的员工不仅是本企业的员工，还包括承包商的员工；不仅是一线操作工，还包括管理岗位人员，管理层起组织和领导的作用。企业在流程安全的实施和改进上必须有操作人员的参与，他们是最知道流程如何运行的人，所有的流程安全决定也必须由他们来执行。

（3）流程危害分析。流程危害分析又叫工作危险性分析，是通过识别、评价、控制过程中的危险使系统达到最佳的安全状态。尽管有初步风险分析、安全检查表分析、危险与可操作性分析、事件树分析等多种分析方法，但是无论哪种方式都必须要有员工参与问题的分析，操作人员要和工程师、安全工作者一起分析流程中的危险。

（4）操作规程。要让员工知道谁来做、谁有权力做，这就是工作许可制度，还要让员工知道怎么做、做到什么程度，以及清楚安全操作的详细参数和极限值，会校正和避免偏差。

（5）培训。一是资格培训，员工不经过培训不具备上岗资格；二是意识培训，通过培训切实建立员工良好的安全意识；三是能力培训，要让员工通过培训熟知岗位和工作场所存在的危害，掌握事故防范和应急措施，具备一定的应急响应能力。

（6）承包商管理。将承包商员工和本企业员工在风险告知、制度执行等安全管理方面一视同仁，并定期检查评估承包商的安全表现。

（7）"开车"前安全评审。这里的"开车"是指装置设备的启用。新的设备、流程启用前要对设备状况、人员技术等安全评审，评审小组所有成员签字同意后才允许启用。

（8）完整性。完整性是完整无缺的意思，尤其是能源的控制系统和报警装置要具备可靠性和可操作性。完整性包括设备完整性、设施完整性、现场完整性等，不同的企业有不同的侧重点。

现在先进的完整性管理已经补充进信息化的手段，通过仪器在各个节点采集信息，然后用软件分析并找出缺陷和薄弱点，针对性地消除隐患。

（9）动火作业。

（10）变更管理。常态化的流程是生产平稳的重要条件，但是企业面对各种形势变化经常会对生产进行调整，而调整会破坏原有秩序，可能出现事故。所以，在对人员、设备、技术、场地、环境等进行变更后需要用程序和制度进行约束。

（11）事故调查。

（12）应急预案和响应。

（13）符合性审计。企业通过自我审核、上级审计或外聘审计审查流程管理中制度法规的符合性。

（14）商业秘密管理。

流程安全管理是一种流程硬约束，是用程序限定的，不遵守程序就无法通过，它有一项重要原则：在企业里做力所能及的事，来避免事故。

流程安全管理是对传统管理习惯的一种改变。企业必须改变靠拍脑袋指挥生产的方式，要坚持并且善于运用流程，经常提醒自己检查在流程上是否有错误。岗位工人也一样，不用坐等指令，明白流程就知道该怎样做。上级没有明确的指示，就要查看流程规定，确定自己下一步的行动。

企业的流程安全管理是各方共同参与、持续不断的活动，不可能一劳永逸地解决问题。

　　企业用流程约束人的行为，保证员工安全，必须做到上下都按照程序做事。任何情况下，未经特别批准，程序不可逾越。所有人只有按照流程安全的要求按部就班地做，"我"才安全。

词语解释：

流程危害分析

填空题：

科学的_____能够约束人的行为，让人不得不照着规定的方式去做。

简答题：

1. 流程安全管理的目标是什么？

2. 流程安全管理包含哪些要素？

3. 流程安全管理对培训有什么要求？

4. 流程安全管理的原则是什么？

思考题：

流程安全管理为什么必须有岗位操作员工参与？

第六节
管理选读：用环境培养员工安全素质

一个企业安全管理的进步，最终要依赖于员工安全素质的提高。现在提到的本质安全型员工，也就是员工具备安全工作的素质。

松下幸之助说过："我只要走进一家公司七秒钟，就能感受到这个公司的业绩如何。"同样，走进一家工厂七秒钟，就可以看到员工的素质如何，进而推断企业的安全管理业绩如何。如果进入一家企业，垃圾、油漆、铁锈随处可见，纸箱随意堆放，零件到处都是，过道上杂物堆积，那么立即就可以判断该企业员工缺乏训练，干部不善管理，单位没有章法，隐患比比皆是，事故随时都可能发生。

日本企业从20世纪50年代就提倡整理现场、整顿环境，当时的宣传口号是"安全始于整理整顿，终于整理整顿"，直接的目的是整理整顿出作业空间，确保生产安全，后来，因生产和质量控制的需要，又逐步提出清扫、清洁、素养。

整理、整顿、清扫、清洁、素养，这五个词的日语中罗马拼音的第一个字母都是"S"，所以叫作"5S"。

从 1986 年起，日本介绍 5S 的书相继出版，在企业界掀起了研究实践 5S 的热潮。5S 的具体做法如下。

整理：要与不要，一留一弃；
整顿：科学布局，取用快捷；
清扫：清除垃圾，美化环境；
清洁：洁净环境，贯彻到底；
素养：形成制度，养成习惯。

整理，常区分；
整顿，常标识；
清扫，常保养；
清洁，常保持；
素养，常自律，守规矩。

5S 又被称为"五常法"。

长期坚持五常法，企业就可以避免很多隐患的产生。像灰尘、脏污、异音、松动、锈蚀一类的"微缺陷"，很多企业并不把它们当成隐患，但是"千里之堤，毁于蚁穴"，很多隐患就是从这些不被重视的"微缺陷"演变来的。五常法的直接作用就是及时消除这些"微缺陷"，以消除隐患存在的基础，不良绝缘、漏油所引起的电击、火灾和人员滑倒等现象就可以避免，以此增大生产场所的安全系数，实现故障为零、缺勤为零、事故为零。

实施五常法中，提高员工素质是重点。通过制定服装、仪容、识别证标准，制定共同遵守的有关规则和规定；制定礼仪守则，进行教育训练，开展晨会、礼貌运动等多种形式的精神提升活动，让每一个员工都能做好自我管理，创造令自己舒心、安全的工作环境，养成遵守规则做事的良好习惯。

员工要重视安全意识培养，提高安全素质，管理者则要掌握一定的管理方法，用方法和工具帮助企业员工提升队伍素质和提高安全管理水平。

五常法的整洁环境不是目的，目的是育人，让人们养成良好的安全工作习惯。企业必须把提高员工的安全素质作为安全管理的中心任务。

测验与思考

词语解释：

1.5S

2. 五常法

填空题：

安全始于＿＿＿＿，终于＿＿＿＿。

简答题：

1. 为什么走进一家工厂七秒钟，就可以推断一家企业的安全管理业绩？

2. 消除微缺陷与消除隐患是什么关系？

3.5S 的主要做法有哪些？

思考题：

为什么说实施五常法中，提高员工素质是重点？

番外篇

LIFE FIRST

科技助力安全，心态必须健全
——拥抱变化

第一节
世界潮流，浩浩荡荡——未来已来

这十几年，安全生产领域变化最大的是什么？

从我个人的感受来看，不是安全理念，也不是安全管理工具，而是安全科技。

举个例子，十几年前工业视频监控系统还很少见，当时很多安全监管人员对于坐在办公室里就能看到生产现场的操作，想想就感觉很有科幻意味。现在，摄像头已经广泛用于家用，很多家庭装上了监控系统。随便来到一家连续生产的企业，就很有可能见到它。

工业视频监控系统的普及，得益于党和政府在安全生产领域的大力提倡。

2016 年 12 月 18 日，中国政府网公布《中共中央国务院关于推进安全生产领域改革发展的意见》，制定目的是进一步加强安全生产、推进安全生产领域改革发展。其中"加强重点领域工程治理"中明确指出："提高安全性能，强制安装智能视频监控报警、防碰撞和整车整船安全运行监管技术装备，对已运行的要加快安全技术装备改造升级。"

该《意见》出台前一年，国家安全生产监管部门就开始在重点行业领域开展"机械化换人、自动化减人"科技强安专项行动，致力在高危作业场所减少作业人员。

科技显示出了护佑安全的力量，如贵州黔西杜鹃烟花爆竹厂引进自动鞭炮注引工艺，插引车间员工由 24 人减至 4 人，实现安全生产和经济效益双丰收。

2018 年工业和信息化部、应急管理部、财政部、科技部联合下发了《关于加快安全产业发展的指导意见》，提出重点发展基于物联网、大数据、人工智能等技术的智慧安全云服务，聚焦重点行业领域安全需求，以数字化、网络化、智能化安全技术与装备科研为重点方向，通过中央财政科技计划（专项、基金等）支持符合条件的灾害防治、预测预警、监测监控、个体防护、应急救援、本质安全工艺和装备、安全服务等关键技术的研发。

为实现安全科技智能化，打造基于工业互联网的安全生产新型能力，工业和信息化部、应急管理部印发《"工业互联网＋安全生产"行动计划（2021—2023 年）》，目标是到 2023 年底，工业互联网与安全生产协同推进发展格局基本形成，工业企业本质安全水平明显增强；一批重点行业工业互联网安全生产监管平台建成运行，"工业互联网＋安全生产"快速感知、实时监测、超前预警、联动处置、系统评估等新型能力体系基本形成，数字化管理、网络化协同、智能化管控水平明显提升，形成较为完善的产业支撑和服务体系，实现更高质量、更有效率、更可持续、更为安全的发展模式。

该计划不仅是中国社会安全生产方面的最新努力，更是人类从工业社会进入智能社会的最新探索，具体包括以下 5 个方面。

（1）建设快速感知能力。立足于安全风险感知，围绕人员、设备、生产、仓储、物流、环境等方面开发和部署专业智能传感器、测量仪器及边缘计算设备，打通设备协议和数据格式，构建基于工业互联网的态势感知能力。

（2）建设实时监测能力。高风险、高能耗、高价值设备和 ERP、MES、SCM 及安全生产相关系统登录云上平台，运用软件实时分析安全生产数据，开展"5G+ 智能巡检"，实现安全生产关键数据的云端汇聚和在线监测。

（3）建设超前预警能力。基于工业互联网平台的泛在连接和海量数据，建立风险特征库、失效数据库，分行业开发安全生产风险模型，推进边缘云和"5G+ 边缘计算"能力建设，下沉计算能力，实现精准预测、智能预警和超前预警。

（4）建设应急处置能力。建设安全生产案例库、应急演练情景库、应急处置预案库、应急处置专家库、应急救援队伍库和应急救援物资库，基于工业互联网平台开展安全生产风险仿真、应急演练和隐患排查，推动应急处置向事前预防转变，提升应急处置的科学性、精准性和快速响应能力。

（5）建设系统评估能力。开发基于工业互联网的评估模型和工具集，对安全生产处置措施的充分性、适宜性和有效性进行全面准确的评估，对安全事故的损失、原因和责任主体等进行快速追溯和认定，为查找漏洞和解决问题提供保障，实现对企业、区域和行业安全生产的系统评估。

2016 年 3 月我到青岛港（集团）有限公司（以下简称青岛港）培训时，集团领导介绍他们的标杆是全国劳动模范、新时代产业工人的楷模许振超，他练就了"一钩准""一钩净""无声响操作"等绝活。那个时候，前湾港区四期工程还在建设。"振超精神"鼓励着青岛港人，另外一张名片"智慧港口"已经熠熠生辉。青岛港前湾码头打破了人们对码头人声鼎沸的印象，码头上各种设备实现全自动化，集装箱被桥吊到中转平台，在中转平台上副小车将集装箱转交给自动化导航运载车，无人驾驶车带着集装箱朝着各自的轨道吊行驶。青岛港智慧港口的背后是新科技的集中应用，包括工业物联网、云计算、大数据、人工智能、自动控制等。青岛港打造的全球领先、亚洲首个全自动化集装箱码头比传统码头提升 30% 的作业效率，节省 70% 的操作人员。"机械化换人、自动化减人"在这里靠智能化得到完美实现。

现在的智慧电厂用三维图像可视化地再现生产运行场景，实时定位现场作业人员、工器具，自动记录需到岗到位人员的行进路线、时间；将全场工作票、操作票关联到设备上，可随时查看作业内容；借助设备编码将设备与它的基本参数、缺陷记录、检修记录等数据做自动化统计；查看作业内容与作业人员时，可联动距离最近视频监控。

在一些建筑工程的工地，我见到一种新奇的智能安全帽，不需要用对讲机就可以通话和录音。无论是靠近危险源，还是来到电子围栏前，或者有大型施工机械经过等，它都会报警提醒。它还带有智能摄像头，后台可以随时切换到作业者的视角，实时掌握员工的操作情况，可以用语音及时指导操作或提出意见。

这是一个智能的时代，也是安全生产的崭新时代。如果以前生产需要睁大安全的"眼睛"，那么如今需要给生产插上一双智慧的"翅膀"。以往生产更多地考虑规范操作、流程作业等，而提高生产精准化程度则需要赋予生产过程"智慧化能力"。借助先进技术开启安全生产的新进程，不失为时代的契机。安全生产，不仅是拼机械、拼重工、拼规模，更是精准度、智慧化的较量。用智慧引导安全生产，让机械如同有了眼睛、耳朵和嘴巴，能看、能听也能沟通，安全生产就能成为一个"有机体"。

安全科技突飞猛进，每个员工都工作和生活在逐渐智能化的新时代。

未来以来，将至已至。

填空题：

1. 提高安全性能，强制安装_____报警、防碰撞和整车整船安全运行监管技术装备。

2. 开展"工业_____+ 安全生产"行动计划。

简答题：

"工业互联网 + 安全生产"新型能力体系包含哪些方面？

思考题：

从安全生产角度，设想自己未来的工作环境。

第二节
顺之则昌，逆之则亡——莫做傻事

随着安全科技智能化的加快，现在很多企业用上了智能巡检仪，这让我想起了它的"前辈"——电子巡检仪。

2010 年，电子巡检仪一度流行，颇受企业欢迎。巡回检查是设备管理的重要内容，目的是掌握设备运行状态和及时发现事故隐患，但仅仅依靠人员巡检容易出现有意漏检和编造巡检记录的行为，电子巡检仪自诞生起就可以有效地解决这一问题。最初采用它的企业很快就弃之不用了。为什么？它的损坏率超高,除了自身的质量之外，主要是员工有意或无意地使用不当造成损坏。

人们对待科技进步的态度是矛盾的，只愿意享受科技进步的好处，不愿意承担科技进步对自己利益的损害，哪怕是不会带来真正利益损害的行为限制。

早在工业革命的初期，人类发明的无数机器让自身陷入了困境。恩格斯描述了繁荣的代价："由于这些发明，机器劳动在英国工业的各主要部门中战胜了手工劳动；而英国后来全部历史所叙述的只是手工业劳动如何把自己的阵地一个接一个地让给了机器。"

机器带来的是效率，一台机器可以完成数人乃至数十人的工作量，让企业主可以用低技术工人代替高技术工人。

虽然反机器运动引起了广泛的影响，但是仍然难以阻挡历史的洪流，世界各国纷纷迈向了机械化。

安全科技除了增强设备和设施的本质安全水平外，主要是借助于机器、仪器等手段进行监管。

气体传感器是瓦斯矿井员工生命的"警卫"，却有人不愿意看到它的存在。造成76人死亡、10余人受伤的平顶山"9·8"矿难案，起因就是瓦斯传感器受到破坏。平顶山新华四矿停工整改期间，矿长和负责技术、安全、生产的三个副矿长明知该矿属于煤与瓦斯突出矿井，存在瓦斯严重超标等重大安全隐患，为应对监管部门的瓦斯监控多次要求瓦斯检查员确保瓦斯超标时瓦斯传感器不报警；指使检查员将井下瓦斯传感器传输线拔掉或置于风筒新鲜风流处，使其丧失预警防护功能；指使他人填写虚假瓦斯数据报告表，使真实数据无法被准确及时掌握，有意逃避监管，最终酿成大祸。

矿难案件通常都是以重大责任事故罪或者重大劳动安全事故罪定罪，平顶山"9·8"矿难案之所以按照以危险方法危害公共安全罪论处，就是要加重处罚这种对抗监管放任矿难的主观故意。

多人死缓的判处殷鉴不远，仍有不少人屡屡以身犯戒。

2021年年底仅仅两个月时间，仅仅是在贵州省，国家矿山安全监察局贵州局通过远程监察和现场核查，发现并严肃查处了连续发生的多起煤矿人为遮蔽、包裹、移动传感器造成联网数据上传失真的案例。六盘水市水城区的阿戛煤矿瓦检员人为遮蔽甲烷传感器；毕节市百里杜鹃金坡煤矿违规移动传感器吊挂刮板机；更有甚者，毕节市织金县马家田煤矿安全管理人员违章指挥移动传感器，除此之外还将传感器用压风自救的新鲜风吹移至风筒破口处等。贵州局将多起人为违规移动、包裹传感器涉嫌犯罪案件移送司法机关处理。

现在，矿山企业都配备了气体传感器，其他企业也大都配备了监控、报警装置，这些装置是重要的信息数据来源，能有效预判、预警事故危险，直接关系到员工生命和企业财产的安全。一些人为了眼前的效益或自身的便利，总是采取各种方式让这些装置失真失效。

有鉴于此，2020年12月通过的《中华人民共和国刑法修正案（十一）》中，"危险作业罪"中增加一条："关闭、破坏直接关系生产安全的监控、报警、防护、救生设备、设施，或者篡改、隐瞒、销毁其相关数据、信息的，具有发生重大伤亡事故或者其他严重后果的现实危险的，处一年以下有期徒刑、拘役或者管制。"

2021年6月修改的《中华人民共和国安全生产法》中增加一条："生产经营单位不得关闭、破坏直接关系生产安全的监控、报警、防护、救生设备、设施，或者篡改、隐瞒、销毁其相关数据、信息。餐饮等行业的生产经营单位使用燃气的，应当安装可燃气体报警装置，并保障其正常使用。""构成犯罪的，依照刑法有关规定追究刑事责任。"

孙中山有一句名言："世界潮流，浩浩荡荡，顺之则昌，逆之则亡。"

逆势而动只能是自取灭亡，不是事故中伤亡，就是落得触犯刑律受处罚的下场。

测验与思考 🖊

填空题：

安全科技除了增强设备设施的_____水平外，主要是借助于机器、仪器等手段进行_____。

2. "关闭、破坏直接关系生产安全的监控、报警、防护、救生设备、设施，或者篡改、隐瞒、销毁其相关数据、信息的"，视后果可以处一年以下_____、拘役或者管制。

简答题：

《刑法修正案（十一）》"危险作业罪"中增加的与安全生产设施相关的内容有哪些？

思考题：

对待安全设施及劳动保护用品，最不能做的事情是什么？

第三节
理解要执行，不理解也要执行，
执行中加深理解——学会接受

随着安全科技的进步、工业自动化控制的推进以及智能化技术的大量应用，许多员工感觉受到了新的限制，自由度减少了。一些人心理上不理解，情绪上难接受，甚至认为智能监控系统一类的技术侵犯了隐私，涉嫌违法。

顾名思义，隐私就是隐蔽、不公开的私事，是一种与公共利益、群体利益无关，当事人不愿意他人知道或他人不便于知道的信息。

《民法典》规定："自然人享有隐私权。任何组织或者个人不得以刺探、侵扰、泄露、公开等方式侵害他人的隐私权。隐私是自然人的私人生活安宁和不愿为他人知晓的私密空间、私密活动、私密信息。"

在安全生产上讲，员工的行为是否存在违章事关群体利益，就不能算是隐私了。

《民法典》同时规定："自然人的个人信息受法律保护。"

面对这一新问题，2021 年 11 月 1 日起实施的《个人信息保护法》规定："处理个人信息应当遵循合法、正当、必要和诚信原则，不得通过误导、欺诈、胁迫等方式处理个人信息。"

据此，有人会说获取个人信息得经过本人同意。商业场合获取消费者信息确实应该如此，但涉及安全生产，直接对应《个人信息保护法》的另一条规定："为订立、履行个人作为一方当事人的合同所必需，或者按照依法制定的劳动规章制度和依法签订的集体合同实施人力资源管理所必需，个人信息处理者可处理个人信息。"按照依法制定的劳动规章制度，用智能监控系统采集信息就是合法的。

当然，企业里的信息采集仍然需要正当性和必要性，卫生间、更衣室装监控显然超出了这一范围。为了安全生产需要，只要是为了消除事故，装上智能监控系统就有了正当性和必要性。

在对安全科技心生排斥的时候，你是否设想过没有任何安全科技的工作环境？

在工业革命初期，工厂里只有生产，没有安全，一切放任自流。

无产阶级革命导师恩格斯写的《英国工人阶级状况》对当时的生产力和生产关系描述得更为具体："在使用机器以前，纺纱织布是在工人家里进行的。妻子和女儿纺纱，父亲织布，把纱卖掉。他们虽然是不太富裕的农民，但至少还不是无产者。"随着"布业家"包买商人的出现，从事生产的织工成为只能出卖劳动力的工人。商业资本家转变为工业资本家，工厂时代开始了。"穷人像苍蝇一样繁殖着，很快就到了工厂所需要的成熟年龄——十岁或者十二岁，在纺纱厂和矿井里开始了他们的劳动，然后廉价地死去。"

为了最大限度地获得利润，工厂的机器要最大限度地工作，作为工人的孩童就需要 24 小时轮班不停工作，工伤事故甚至成了工作的一部分。过长的工作时间和难以调整的睡眠习惯使得工人们身心俱疲，经常性地出现精神恍惚的症状，稍有不慎就会出现伤残事故，手臂被机器碾碎的比比皆是。

在第一次鸦片战争前几年，英国修改《济贫法》，禁止失地农民流浪，任何流浪者都将被警察逮捕后送往工场进行强制劳动。不但乞丐被迫接受每天 14 个小时的劳动，而且在《济贫法（修正案）》颁布不到 10 年时间就有多达 200 万的技术工人沦为囚犯。工业城市的街道狭窄，路面没有硬化，到处是污泥、排泄物、恶心的臭味，肮脏的环境让传染病迅速蔓延。劳工、机械工的平均寿命是 17 岁，而乡村地区人们的平均寿命是 38 岁。

我想，今天企业里的员工，不会有任何一个人想要在那种毫无保护的环境中工作。

从安全科技史来看，在今天看似不起眼的劳动保护产品凝结着很多人的心血。

安全帽的诞生就很有代表性。

民用安全帽的发明者是写出《变形记》的奥地利作家卡夫卡。1908 年卡夫卡在工伤保险机构任职，工作职责之一是为在意外事故中造成人身伤害的工人进行调查并确定相应的赔偿金。在那里，他见到了太多的伤者，经常遇到被切伤四肢和被高空坠物砸破脑袋的工人。卡夫卡非常同情这些靠辛勤劳动赚取生计的工人，但他所能做的仅仅是为他们多争取一些赔偿。因操作不当或者注意力不集中而发生的事故总是难以避免。

卡夫卡下班后来到广场散步，看见广场上不断飞起又降落的鸽群，几个穿着雨衣的人在鸽舍下面活动，他来了兴趣，过去问道："没有下雨，你们为什么穿着雨衣呢？"

原来那些人是清理鸽舍的员工，他们解释道："因为鸽子粪随时都会落下来。"

这让卡夫卡联想到了工地上的工人也无法预测什么时候会有高空坠物，为什么不像清理鸽舍的工人一样做好预防措施呢？他想起了古代战士们打仗时用来防护的头盔，也可以戴在工人头上做防护。于是他以头盔作为原型，找人制作出了民用安全帽。

卡夫卡还是 1912 年的美国安全大会金牌奖的得主，政府以此表彰他在工人安全与赔偿方面的贡献。据说，因为他的安全帽，钢厂每年因事故死亡的人数首次降到了千分之二十五以下。

最初的民用安全帽大多仅仅是一层外壳，至多有一些布料作为内衬，距离现代安全帽还有很大差距。

人们根据啄木鸟的大脑结构来改进原本简单粗糙的安全帽，在里面加设了松软的内衬和保护圈带。发展到今天，安全帽的制作更加完美和复杂，由帽壳、帽衬、下颊带和锁紧卡组成。帽壳呈半球形，坚固而光滑，且富有弹性。帽壳和帽衬之间留有一定空间，可缓冲、分散瞬时冲击力。

就像小小的安全帽挽救了无数人的生命一样，人们确实在安全科技进步中受益，关键时刻那些智能化的安全设施就能发挥出神奇的威力。

2021年3月9日，河北省石家庄市众鑫大厦发生火灾，网友拍摄的视频显示，高层写字楼众鑫大厦多楼层着火，现场浓烟滚滚，有燃烧物从楼上掉落。

事后有媒体记者随消防人员进入大楼内部，记录下了这样的情形：现场到处是水，大楼内部的全部消防设施，特别是喷淋设备都在第一时间启动，有效阻止了火情向大楼室内蔓延，为人员撤离和灭火赢得了宝贵时间。

楼内商户、工作人员和附近7栋居民楼居民全部被安全疏散，火灾未造成人员伤亡。

对待安全科技的态度，也在考验每个人的成熟度。既然要享受安全科技带来的保护，就应该能够承受它带来的小小不便。

学会接受，无论是感情上，还是行动上。

测验与思考

填空题：

1. "为订立、履行个人作为一方当事人的合同所必需，或者按照依法制定的_____和依法签订的集体合同实施人力资源管理所必需，个人信息处理者可处理个人信息。"

2. 看似不起眼的劳动保护产品，凝结着很多人的_____。

简答题：

谈谈《个人信息保护法》规定处理个人信息应当遵循的原则。

思考题：

理解和执行的关系。

第四节
殷勤百般绕裙裾——主动迎合

人们对智能化的安全科技，不能仅仅是无奈接受，更应该是主动迎合。

迎合不是配合，配合是例行公事，迎合则要积极主动。

美国《时代周刊》誉为"思想巨匠"的史蒂芬·柯维，也就是《高效能人士的 7 个习惯》的作者，在一次讲课中被学生问了一个问题："老师，我已经不爱我的妻子了，我们之间已经没有感觉了。可是，我们有三个孩子，我很懊恼。你认为我应该怎么办？"

柯维并没有感到很惊讶，而是非常坦然地说："去爱啊。"

听到回答，学生一脸不解："我都说了，我已经不爱我的妻子了，没有感觉了。你为什么还要让我去爱呢？"

柯维继续说："那就去爱她。"

"您还没理解，我是说，我已经没有了爱的感觉。"学生继续解释。

"就是因为你已经没有了爱的感觉，所以才要去爱她。"

"可是没有爱，你让我怎么去爱她呢？"

柯维又说："爱是一个动词。爱的感觉是爱的行动所带来的结果。所以，请你爱她。"

既然爱是一个动词，那么如何去爱呢？

美国西雅图爱情实验室研究所所长约翰·戈特曼提出每周用5小时即可改变婚姻质量的方法。

（1）记得道别。每天早上出门的时候，彼此郑重道别。花一点点时间去了解彼此今天会做的一件事情，加深互相了解。

（2）晚间重聚。下班或者睡前，两人回顾一整天的时候敞开心扉进行一次减压谈话，聊聊工作中的压力，但记住不要说教，要理解。

（3）赞美与欣赏。爱人做了一件家务事，虽然做得不好，但是也不要批评，要赞美，要表扬，多练习。潜意识中，他会朝着你想要他变成的那个样子发展的。

（4）喜爱伴侣。亲吻、拥抱、牵手，那些热恋时期常做的事情，记得一定要保持。如果已经不做了的话，也记得慢慢培养起来。

（5）每周约会。抛开家庭琐碎、工作压力，两个人要保证单独约会的时间，去彼此了解对方，做共同喜欢做的有意义的事情。

男女关系中，主动迎合，你就会乐在其中。迎合安全科技，从陌生到熟悉，你也会乐在其中。

约翰·戈特曼根据大量数据的实证研究得出的幸福婚姻法则，可以在企业员工如何爱上安全科技方面提供借鉴。

法则一：完善爱情地图，"爱 TA，就应该了解 TA。"

爱一个人从了解开始，你说你爱你的伴侣，那 TA 的喜好、TA 的烦恼、TA 的渴望、TA 童年都经历了什么、TA 想成为什么样的人，你都知道吗？

面对智能化的安全用品，特别是手持终端，一些年龄大的员工有畏难情绪。爱上安全科技要从了解开始，要学习才能了解。

过去人们主要是在书本上或者是在培训课堂学习，现在电子化的方式多种多样，可以在手机上和电脑上学习。很多企业的安全学习和考试都实现了智能化，仿真系统得到了大量应用，可以进行电子化的考试。先学应用，再搞懂原理，知其然，再知其所以然，安全科技值得好好学习。

法则二：培养你的喜爱和赞美，"我欣赏，我坚持。"

在企业里，历来不缺这种人：戴安全帽嫌重，着防护服嫌麻烦，系安全绳嫌被束缚，多听几句就嫌说话啰唆……

婚姻专家约翰·戈特曼建议那些找不到对方优点的伴侣，多和对方回忆过去的幸福时刻，列出对方的三个优点。如果还是找不出来，他还提供了一个为期 7 周的"喜爱与赞美练习"，每天给一个任务，比如发现伴侣的可爱之处，找到一个共同目标，做完这些完全能找到伴侣的优点。

传统的劳动防护产品是纯粹的物质形态，缺少交互性，使用者得自己用心去体会。

信息化基础上的安全新科技交互性强，很多有信息传输功能，往往容易建立情感连接。一些大型企业还建立了数字化的安全体验馆，可以用动感 VR 技术体验触电、机械伤害、烟雾逃生、有限空间作业、安全帽抗打击、洞口坠落、系安全带高处坠落等。

法则三：彼此靠近而非远离，"你们的关系够紧密吗？"

"工欲善其事，必先利其器；器欲尽其能，必先得其法。"检验员工与安全科技的亲密程度，就是要看是不是非常熟悉，能够熟练地运用才能成为工作离不开的帮手。

你该戴什么颜色的安全帽？

各个企业对安全帽的颜色都会有一定之规，只要稍稍留心就会发现规律。通常情况下，戴白色安全帽的是监理方或者甲方（**工地管理者**），戴红色安全帽的是管理人员，戴蓝色安全帽的是技术人员，戴黄色安全帽的是岗位操作人员。当然，也有一些企业不同，个别企业有意让监管者和岗位操作人员戴同样颜色的安全帽。

应该戴什么类型的安全帽？

安全帽分为两大类：一般作业类和特殊作业类。特殊作业类又进一步细分：适用于有火源的作业场所，适用于井下、隧道、地下工程、采伐等作业场所，适用于易燃易爆作业场所，（**绝缘类**）适用于带电作业场所，（**低温类**）适用于低温作业场所。员工要根据工作场所的不同做出选择，低温工作就要找帽上写有"-20℃""-30℃"；有耐燃烧性能要求就要找"R"标记的；有电绝缘性能要求要看帽上有没有"D"的标记。

如何正确佩戴安全帽？

戴在头上后，可以双手试试左右转动安全帽，保证安全帽基本不能转动，但又不会过于压迫；在还没系颌带的时候低头试一试，保证不会脱落；正式佩戴时，必须系好下颌带，保持下颌带紧贴下颌部位，有约束感的同时还不难受。如果是女士，要把头发放进帽衬里。

法则四：让配偶影响你，"亲爱的，您说了算。"

婚姻幸福如此，岗位安全也如此。

和谐共生。习惯于在智能化安全防护的环境中工作。即使自己的行为被监控，也要习以为常，理所当然。

善加利用。借助于智能化手段提醒自己安全，而不能置若罔闻。

固定习惯。"好风凭借力，送我上青云。"要通过智能化养成新的习惯。

测验与思考

填空题：

要爱上安全科技，也要从了解开始，要_____才能了解。

简答题：

检验你与安全科技的亲密程度的标准是什么？

思考题：

怎样才能做到积极主动地对待安全科技成果？

第五节
安全要依靠自己，切莫全交给机器——防止失控

对于安全科技，要学会接受，并且要主动迎合，让它成为你的帮手，但是不能把所有的安全问题都交给机器。

随着科技的发展，机器人逐渐被人广泛了解，越来越多的机器人被用在了工厂生产或者是服务行业上。现如今，机器人正在逐渐替代人来完成那些枯燥而又危险的任务。数十年间，发生了多起机器人伤人、杀人事件。

2015 年 7 月，一台"发狂"的机器人将美国一汽车工厂装配工"杀死"。据调查人员描述，事发时该装配工在工厂六号厂房"100区"工作，不幸的是，其中一个机器人突然"发狂"，胡乱地挥舞手臂，那名装配工被击中头部，当场死亡。

2018 年，在美国新泽西州的亚马逊仓库中一罐 255 克的罐装驱熊剂从货架上掉下来后，被一台自动化机器人刺穿，事故造成

54 名员工受伤，其中 24 人已被送医就诊，1 人情况危急。

早在 1950 年的时候，阿西莫夫在科幻小说《我，机器人》中，就提出"机器人三大原则"的概念，具体如下。

第一定律：机器人不得伤害人类个人，或因目睹人类个体将遭受危险而袖手不管。

第二定律：机器人必须服从人类的命令，除非这些命令与第一定律相冲突。

第三定律：机器人必须保护自己的生存，只要不违反第一或第二定律。

后来，阿西莫夫又补充了一条定律，也就是机器人必须保护人类的整体利益不受伤害，其他三条定律都是在这一前提下才能成立。这条定律被称为第零定律。

目前生产场所不存在专门设计的杀人机器，但仪表、仪器、机器的失灵、失效、失控，让企业员工不得不时刻提高警惕。

1. 失灵

失灵会使机器变得不灵敏或完全起不到应有的作用。

造成 40 人死亡、172 人受伤的温州动车追尾事故就是信号失灵惹的祸。

事故发生之前，前方的一列动车因为雷击而突然停车，但为何没能向紧随其后的动车发出停车信号是公众最为关心的话题。

列车两根平行轨道是通电的，因此没车时电路是不连通的，一旦有车进入，该电路即通过列车的轮轴连通，列车后面的信号灯随即变为红灯，阻止后面车辆进入该区间。等列车驶出该区间后，电路再次断开，信号灯转为绿灯。

整个列控系统中，钢轨不太可能出现问题，即使雷击也不可能使之失灵。因此，信号机、应答器、车载感应、后车车载 ATP 设备等任一环节出现故障，都可以导致信号传递失灵，而这些设备在同一铁路线上并没有备份。

仪器失灵，即使不出现故障，也有可能因其他原因无法使用。就像车载 ETC 设备失灵，因为使用的是太阳能充电，如果停放时间过久见不到阳光，就会无法开机。如果发生这种情况，就需要在阳光下停留几分钟，正常后再进入高速入口。

2. 失效

机械设备中各种零件或构件都具有一定的功能，如传递运动、力或能量，实现规定的动作，保持一定的几何形状等。当机件在载荷（包括机械载荷、热载荷、腐蚀及综合载荷等）作用下丧失最初规定的功能时，即称为失效。设备的某些零件失去原有的精度或性能，使设备不能正常运行、技术性能降低，致使设备中断生产或效率降低，甚至出现生产安全事故。

上面提到的温州动车追尾事故事发当晚，由于温州南站附近雷电活动频繁，导致列控中心设备中一根保险管熔断，而这个看似微不足道的保险管却成了整个事故的导火索。

保险管熔断导致两个后果：一是温州境内高铁的自动闭塞系统（高铁线路分为若干闭塞分区，各分区交界都有红绿灯，红灯表示前方有车不能通行，黄灯表示减速，黄绿灯提示准备减速，绿灯表示正常通行）发生故障，在闭塞系统每一个分区里都显示绿灯，表示前面分区没有列车行驶。二是列控中心的通信被影响，默认显示该路段为红光带，即有车占用。总之，一个保险管的失效，造成了信号系统的失灵。

3. 失控

失控是指因特种设备控制系统失灵、安全保护系统功能缺失或者失效，导致设备不能正常操作的现象。

安全科技智能化是建立在互联网基础之上的。

局部仪器的失灵或部分功能的失效，都可能带来复杂系统的失控。

2018 年 10 月 29 日发生的狮航波音 737 客机失事事件让大家印象深刻。由于错误的指令，系统认为飞机处于失速状态，便自动做出机头下压的动作，为此机长还与系统"搏斗"，最后无济于事，只能眼看着飞机失控坠毁。飞机在坠毁前还向地面发出求救信号，从无线电中传出机长与乘客绝望的求救与哭喊声，最终机上 189 人全部遇难。

2019 年 3 月 10 日，埃塞俄比亚航空一架波音 737 客机在起飞 6 分钟后，飞机的机动特性增强系统两次抢夺飞行员控制权，直接把机头压低，最终导致飞机急速俯冲坠毁。机上 149 名乘客以及 8 名机组人员不幸全部遇难。

本质安全是基础，自我防范是保障。

安全科技的进步过程中，增强设备设施的本质安全化水平是重要内容。如果只重视设备设施的安全，放松了自身的安全意识，只有技防，没有人防，灾祸会不请自来。以数字化、网络化、智能化为基础的安全技术与装备往往离不开重要的基础构件传感器。智能化仪器设备需要借助各种传感器采集数据、识别运动、感知各种物理量才能完成各种工作。然而传感器其实并不可靠，常常会传递错误的信息。生活中最常见的电子温度计就是一种传感器，但是同样一家公司生产的温度计，数值也会有差别。一旦传感器传递的信息发生错误，仪器失灵，部件失效，系统失控，就有可能发生危险。

安全生产是物质条件和人的意识共同作用的结果。

防止失灵、失效、失控，需要做到以下几点。

（1）选用合格产品。

（2）定期检验校验。

（3）及时发现和排除隐患。

（4）演练应急预案，防患于未然。

自我防范，永远是最后一道防线。

测验与思考

填空题：

1.局部仪器的失灵或部分功能的失效都可能带来复杂系统的_____。

2.本质安全是基础，_____是保障。

简答题：

哪些因素直接导致了系统的失控？

思考题：

防止失灵、失效、失控，应该怎么做？

第六节
管理选读：基于互联网协作平台的安全管理

网络化、数据化、智能化，人们在互联网时代的工作生活方式多种多样，给安全生产的监督管理带来了新的条件。

新冠肺炎疫情激发了在线协同办公的需求。2020 年起新冠肺炎疫情带来长时间居家隔离，使得国内协同办公产品蓬勃发展。根据中国互联网络信息中心（CNNIC）发布的《中国互联网络发展状况统计报告》，截至 2021 年 12 月，我国在线办公用户规模达 4.69 亿人，较 2020 年 12 月增长 1.23 亿人，占网民整体的 45.4%。互联网协作平台在企业运营和安全生产中的运用趋于常态。

一、安全管理适用协作平台的选择

伴随着云计算、大数据和通信技术的快速发展，在新冠肺炎疫情远程办公的驱动下，综合协作产品纷纷涌现，目前国内市场有微信群视频聊天、腾讯 QQ、TIM、企业微信、企业 QQ、Microsoft

SharePoint、Alfresco、Slack、飞书、织语、WeLink、Trello、Worktile、Skype、WhatsApp、会议桌、简道云等数十种协作平台，比较有代表性的有腾讯的企业微信、字节跳动的飞书、360 的织语、华为的WeLink 等产品。

企业微信的优势在于和微信之间的互通便捷，但细分功能偏少，打开多个应用会导致办公窗口过多，略显繁琐，整体架构和功能深度需进一步优化。

飞书的整体产品矩阵完善，基本满足中小组织日常办公需求，但整体功能深度和体验需进一步加强，文档、会议等功能偏弱，整体定位是一款轻量级的协同办公平台。

织语在对接企业自有应用方面有优势，能满足纯私有化部署的需要，适合对保密性要求高的企业。

WeLink 上线时间较短，功能矩阵尚不完善，以华为的研发实力，相信未来功能会有较大提升。

对于企业的安全管理来说，既有表单填报、统计分析等基本的办公功能需求，又有培训、视频会议的交互需求，更有流程申报、审批等管理需求。企业可以根据自身的需要和员工使用习惯，在技术团队测试可行的情况下，选择适合自己的互联网协作平台。

二、即时通信，安全管理的基础应用

因为空间与位置的限制，即时通信成为工作效率的决定性因素，同时也成为企业管理者和员工的主要需求点。而从主流的协同办公平台来看，大家普遍重视即时通信，尤其是互联网一代"80 后""90

后"等职场新中坚力量。而腾讯、字节跳动都以企业通信为破局点，并将其作为主要抓手，来赢取用户好感度。企业微信、飞书以及360织语，一方面都支持多端应用，即PC端、Web端、移动端等，扩充了产品的使用半径，让用户不需要担心端口限制。另一方面都具备了已读、置顶、群投票、群红包、群位置共享、群管理等功能，适应安全管理多样化的沟通场景。

具有社交软件基因的腾讯公司开发的多款即时通信软件在即时通信方面有突出表现。因为庞大的用户基数，微信群成为目前企业里最普遍的安全管理应用。

锦屏电厂建立安全工作微信群，邀请全体员工以"所在部门＋实名"的方式加入，在群里开展"锦屏身边隐患随手拍"活动，任何人发现隐患都可以立即拍照上传，与隐患有关的部门、岗位要及时认领并确认整改时限，无人认领的隐患由安全部指定责任部门、岗位整改，整改后要及时上传照片备查。安全部利用微信群开展问题隐患排查时，引导企业内各部门做好设备设施隐蔽性缺陷隐患排查和日常缺陷管理，大幅减少不符合项，绝大多数安全隐患在24小时内得到整改。

该电厂实行轮班制，如有通知安排、事故事件通报等文件，领导会及时发至群内，其他人无论是否在厂内上班都能实时了解全厂安全生产动态，避免了交接班时出现信息遗漏。安全管理人员能及时掌握安全生产的第一手资料，了解现场存在的安全隐患及违章、违规现象，第一时间通知责任部门，确定整改方案后开展隐患整改，相比以前填写整改通知单节省了大量时间，同时还能将整改进度及结果的实时动态反馈到微信群，让大家共同监督。

三、协同办公，构筑安全管理系统

某协同线上平台曾发布了一款数字化安全生产方案，把传统的纸质安全管理体系搬到了线上。

1. 组织架构线上化

梳理组织架构，在该平台打造便于沟通、协同及管理的组织基础，让各个部门的人员权责清晰，保障整体的业务流程更顺畅地进行，减少责任推诿，提升流程效率；实现信息对称，发现问题能及时找到对应的人员，同时为传统的组织注入扁平化管理的思维，为组织增添活性。

2. 流程管理透明化

梳理企业现有的安全管理情况，优化并整理出相关节点的审核风险控制须知，对流程进行精简优化，并且责任到人，在该平台上呈现出来，一改原来纸质审核及口头传递带来的信息丢失、错位以及效率低下等问题，提升问题解决的效率，减少安全事故的发生。

3. 制度机制实际化

有了流程，嵌入合理的制度和机制，才是一个完整的"例行管理"，制度、流程、机制三者缺一不可。先编制"安全生产管理制度"，提交安全总监和总经理审核、审批；再设定"安全生产的运行流程"；接下来制定"安全生产的管理机制"。对流程中不同角色要分工明确，根据实际要求制定递交的规范，明确流程运行规则。

四、低 / 零代码，设计安全生产专项解决方案

安全生产管理既有共性问题，又有不同行业、不同企业的特有问题。如何让企业里绝大多数不会编程的安全管理人员也能利用协作平台定制符合本企业特点的专用工具？这就涉及平台的低 / 零代码开发应用问题。

低代码和零代码源于20世纪80年代"可视化编程"的概念，1992年，最早的零代码企业软件构建工具出现在微软的 Office Access 中。织语的应用开发生态中，低代码开发平台通过"拖拉拽"的开发方式快速开发应用，以开放的生态助力用户打造全能应用平台。飞书也上线了多维表格低代码开发工具。相对于修图更加专业的 Photoshop，低代码和零代码就是普通人玩转的美图秀秀。

1. 零代码应用：巡回检查

巡回检查制是安全管理的基础性制度，对于及时排查隐患和避免事故有着重要意义。

某平台上面有个推荐的应用模板"设备扫码巡检"，可以拿过来直接使用，可以大幅简化点检信息化的难度，不用额外购买设备，也不用培训员工，费用低、使用方便、部署容易。

（1）进行设备信息录入，建立设备的信息档案。使用过程中不断添加的点检、隐患、维修、保养等动态记录也能被保存其中，逐渐形成设备的动态档案。

（2）为每台设备生成二维码，绑定设备。

（3）无纸化设备巡检，快捷、方便、准确率高。

每台设备对应一个二维码，就像"设备的身份证"，扫码就能看到设备的参数、编号、责任人、操作手册等全部信息，需要查阅时不用再翻找资料。一线人员无须安装应用程序，只需扫码就可以查看设备详情信息，填写巡检表单，快速记录巡检结果、存在隐患和处理情况等。同时，巡检表单支持拍照、录像功能，可直接上传现场设备巡检的真实照片。

（4）现场提交巡检记录，发现隐患需要维修即刻通知。

一线人员巡检中发现设备异常，直接在扫码后的设备详情页上新增设备巡检记录即可，应用会自动发消息通知应用创建人。后续可联系企业维护人员前往维修设备，维修设备时也只需扫码即可在设备详情页上添加新增维修记录。如需通知更多相关人员或者对应的业务群，可以在设备基础信息页面设置中设置消息发送的规则。

（5）生成设备巡检数据报表。

2. 低代码应用：落实安全制度的图片记录法

2021 年 11 月份，我与日照港集装箱发展有限公司智能化工作组组长李正君，就他主持设计的落实安全制度的图片记录法进行探讨。2022 年 4 月，该公司二级以上风险点实现了全覆盖。具体做法如下。

（1）根据管控措施，分解作业任务。

皮带维修是港口行业事故发生的重灾区，港口行业生产单位均针对皮带机维修制定了相应的操作规程。通过梳理皮带机维修作业等相关制度、规程，提炼出 8 步安全控制措施如下。

① 维修、监管人员同在现场；

② 劳保穿戴规范、人数确认；

③ 紧停开关动作确认；

④ 双方上锁确认；

⑤ 中控系统确认；

⑥ 双方开锁确认；

⑦ 中控系统再确认；

⑧ 人员安全离场、人数清点。

（2）设计流程步骤。

① 发起申请；

② 巡查人员紧停上锁；

③ 维修电工设备断电；

④ 中控值班员确认；

⑤ 储运班班长审批；

⑥ 抄送人；

⑦ 巡查人员巡查记录；

⑧ 作业活动是否结束。

（3）完善流程各环节控制内容。

① 作业活动类型；

② 作业活动内容；

③ 申请单、派工单等关联表单；

④ 现场作业位置；

⑤ 作业负责人签字；

⑥ 巡查监管人签字；

⑦ 作业前人员现场合影；

⑧ 作业前设备管控照片；

⑨ 作业过程监管照片；

⑩ 作业后现场照片；

⑪ 作业后人员现场合影。

（4）注意事项说明。

① 每个环节都要拍照。

② 要有全景照片和特写照片，如持证操作审核需要拍摄作业人员手持证件半身照片和证件单独的特写照片。

③ 作业活动步骤实时抄送，关键过程可视化，实现多方监督。

④ 操作者自证作业环节合规，违章作业有图可查。

⑤ 通过图片发现习惯性违章要即时予以纠正。

⑥ 确保对有时间要求的安全措施落实。

词语解释：

低／零代码

填空题：

1. ＿＿＿＿＿＿，安全管理的基础应用。

2. ＿＿＿＿＿＿，构筑安全管理系统。

3. ＿＿＿＿＿＿，设计安全生产专项解决方案。

简答题：

1. 安全管理选择协作平台的依据是什么？

2. 简述数字化安全生产方案的特点。

3. 设备扫码巡检有哪些基本步骤？

思考题：

如何设计适合本企业安全生产需要的低代码应用？

祁有红安全言论摘录

答记者问

我曾到过一座山，满山都是猴子。开放旅游前，当地人曾捕猎猴子，猴子反应敏捷，要活捉猴子很困难。当地人就想了个办法，炒一些花生米放进玻璃瓶里，再把玻璃瓶放到猴子必经的路上。猴子在树上闻到了花生米的香味儿，顺着香味儿来到玻璃瓶前，迫不及待地伸手够。可是，手伸进玻璃瓶里容易，拔出来很困难。这个时候，躲在一边的猎人出现了。猴子舍不得丢掉香喷喷的花生米，带着玻璃瓶一瘸一拐地往前跑，还跑得掉吗？

猴子因为一点花生米丢掉了性命，很多企业、很多个人也是一样，因为短期的一点效益丢掉了安全，到头来失去了平稳的运行状态，失去了岗位，甚至失去了宝贵的生命。

——答《光明日报》记者提出的"安全和效益的关系"问题

与网友交流

我国从农业社会向工业社会转变过程中，许多人对现代生产的风险和危害认识不足，欠缺遵守规则制度的自觉性，这是一个时期以来事故高发的重要原因。国民的安全素质必须提高。

——做客新浪网名人堂回答主持人的提问

到企业做报告

你的家可能值 10 万元、100 万元甚至更多。排在第一位的是你，你的生命安全是"1"。有了前面的"1"，后面的"0"才会有价值；如果没有这个"1"，那再多的"0"都只能等于"0"。房子是"0"，家产是"0"，老公是"0"，老婆还是"0"，儿子女儿也是"0"。做丈夫的，你死了，就像《红楼梦》中那首《好了歌》唱的："世人都晓神仙好，只有娇妻忘不了！君生日日说恩情，君死又随人去了！"

所以，你必须安全，必须好好活。

——赴南方五省区巡回报告时奉劝听众

安全，不能不讲道理

安全生产大会讲、小会说、年年讲、月月讲、天天讲，安全问题是企业永恒的主题。从安全工作自身规律来看，"安全没有多少道理可讲"的说法，即使算不上极端荒谬，也是极其错误的。

诚然，安全不能讲条件，明白或不明白都得执行。制度规定在那里摆着，不能以自己不明白为借口拒不执行。就像法律条文已经颁布实施，任何组织、个人不得借口不懂法律就为所欲为，践踏法律。制度有强制力，不会迁就某些个人的愿望，必须执行。

我在研究世界 500 强企业安全管理时发现，所有安全业绩优异的跨国企业都重视安全培训，而这些培训并非都是安全技能培训，其中安全合作意愿培训居多。

安全合作意愿培训就是要通过培训让员工形成良好的合作意愿，愿意与企业管理层合作，共同做好安全工作。让任何人都有合作的意愿，就不能是简单地将自己的意志强加给对方。所以，安全需要说理，需要沟通，讲清了道理才能让人们心服口服，心悦诚服，心甘情愿地进行合作。

那么，哪些道理该讲，或者说该讲清楚哪些道理？

1. 安全为了谁

如果某人毛毛躁躁，安全意识差，我们只是简单地批评他，处理他，但就是得不到改正，他依然故我。这就是"要我安全"。要想过渡到"我要安全"，就必须让他明白安全究竟是为了谁。为了自己、为了家人、为了伙伴、为了团队，首先为自己，其次为他人。明白"安全为了谁"，员工就有了安全的无穷动力。

2. 哪些事最该做

要让员工明白哪些事必须做，而且最该做，不做就可能大祸临头。这就是全员风险管理所要求的，每个人都要知道岗位的风险，都要睁大自己的眼睛，发现和辨识危害，立即排除和治理隐患，坚决避免事故的发生。这也需要讲道理，讲清隐患的危害和细节的重要，讲清工作中麻痹大意就是危害，讲清作风涣散就是隐患，如此员工才能认识到只有提高警惕才能保证安全。

3. 守规矩

现代工业的联合生产和市场经济的社会化专业分工，正是建立在守规矩的基础之上。事故就是不守规矩的直接代价，管理者要进一步告诉员工如何守规矩。守规矩、按制度办事、照规则行事，既是文明人起码的素质，又是本质安全型员工所必备的修养。

弄清"安全为了谁"解决的是动力问题；明白"做好该做的事"解决的是安全工作的现实需要；知道"守规矩"解决的是本质安全型员工的工作基础。这些都是本书着力讲清的道理。

　　《生命第一：员工安全意识手册（12 周年修订升级珍藏版）》，从小角度讲大道理；以个人亲身体验，让员工感同身受；汇聚业界管理精髓，推动员工迈向本质安全型；靠全员意识增强，筑牢企业安全防范大堤。本书在写作过程中，获得了政府和学术界、企业界朋友的帮助，尤其是吸收了咨询服务中了解到的部分基层员工的观点，在此一并表示感谢。希望我们大家共同努力，把安全的道理讲得更明白，更能为员工所乐于接受。

　　感谢企业管理出版社使本书顺利出版。

EXCELLENT COURSE OF SAFETY MANAGEMENT

安全管理精品课程

安全意识培训

《生命第一：塑造本质安全型员工》
（课程时长：1 天／6 小时）

高层管理培训

《本质安全管理》
（课程时长：1 天／6 小时）

基层管理培训

《安全永远第一》
（课程时长：1 天／6 小时）

通用管理培训

《有感领导：安全领导力》
（课程时长：1 天／6 小时）

管理能力训练

《世界 500 强通用安全管理工具》
（课程时长：2 天／12 小时）

联系方式：010-68487630

王老师：13466691261　　　刘老师：15300232046
　　　　（同微信）　　　　　　　　　（同微信）

欢迎企业定制图书

联系方式：**010-68487630**

王老师：**13466691261**（同微信）

刘老师：**15300232046**（同微信）